Inhaltsverzeichnis

Zur Konzeption des Buches

Arbeiten mit dem Buch 5

1 Konzepte des objektorientierten Modellierens

Projekteinstieg 1: Wer weiß noch was? 10

Projekteinstieg 2: Es geht auch anders 11

1.1 Softwareentwicklung 12

1.2 Modellierung von Klassen 16

1.3 Objektorientierte Konzepte 30

1.4 Prinzipien der Modellierung 40

Die digitale Welt 001 Mensch und Technik **44**

2 Lineare Datenstrukturen

Projekteinstieg: Wartende Helden 52

2.1 Anforderungen an eine Datenstruktur 56

2.2 Das Datenfeld 58

2.3 Der Stapel 64

2.4 Die Schlange 70

2.5 Die Lineare Liste 76

2.6 Prüfungsvorbereitung 84

Die digitale Welt 010 Datenbewusstsein und Datenschutz **88**

3 Algorithmen

Projekteinstieg 1: Laufzeitanalyse experimentell 98

Projekteinstieg 2: Sortieren 99

3.1 Ohne Algorithmen läuft nichts 100

3.2 Rekursive Algorithmen 106

3.3 Suchen – iterativ und rekursiv 110

3.4 Sortieren – iterativ und rekursiv 116

3.5 Prüfungsvorbereitung 124

Die digitale Welt 011 Künstliche Intelligenz **128**

4 Endliche Automaten und formale Sprache

Projekteinstieg: Wie schwer ist (m)ein Problem? 136

Projekteinstieg: Schatzinsel 138

4.1 Automaten im Alltag 142

4.2 Deterministische endliche Automaten 146

4.3 Nichtdeterministische endliche Automaten 150

4.4 Kellerautomaten 158

4.5 Mealyautomaten 162

4.6 Formale Sprachen 166

4.7 Scanner, Parser und Interpreter 176

4.8 Prüfungsvorbereitung 184

Die digitale Welt 100 Berechenbarkeit 190

5 Nicht-lineare Datenstrukturen

Projekteinstieg 1: Spielen mit Struktur 196

Projekteinstieg 2: Binäre Suchbäume 197

5.1 Baumstrukturen 198

5.2 Binäre Bäume 202

5.3 Binäre Suchbäume 208

5.4 Navigieren leicht gemacht – Graphen 216

5.5 Speicherung von Graphen 220

5.6 Suchen in Graphen 224

5.7 Der Algorithmus von Dijkstra 230

5.8 Prüfungsvorbereitung 234

Die digitale Welt 101 Maschinennahe Programmierung 238

6 Kommunikation in Netzwerken

	Projekteinstieg: Kommunikation im Wilden Westen	246
6.1	Menschen kommunizieren	248
6.2	Computernetzwerke	250
6.3	Protokolle	256
6.4	Client-Server-Prinzip	270
6.5	Prüfungsvorbereitung	280
	Die digitale Welt 110 Kryptologie	282

7 Datenbanken

	Projekteinstieg: Tabellen	288
7.1	Datenbanksysteme	290
7.2	Daten anordnen mit Tabellen	292
7.3	Operationen auf Tabellen	300
7.4	Daten filtern mit SQL	308
7.5	Datenbankentwurf	316
7.6	Umsetzung des ER-Modells	320
7.7	Normalformen	328
7.8	Prüfungsvorbereitung	334
	Die digitale Welt 111 Verantwortung der Informatik	338

Fachmethoden 344

Anhang 364

Bildquelle 390

Zur Konzeption des Buches

Die Entwicklung in der Informatik und die damit einhergehenden Auswirkungen auf die Lebenswelt der Menschen schreitet in Windeseile voran. Aber auch wenn immer neue informatischtechnische Möglichkeiten in topschickem Design in unser Leben Einzug halten, so stecken dahinter eigentlich nur „alte“, aber grundlegende Ideen der Informatik. Diese Ideen kompetenz-, handlungs- und sachorientiert zu vermitteln, ist das Ziel diese Buchs.

Dabei wird auf die Vorkenntnisse der Lernenden aufgebaut, wie das objektorientierte Modellieren und Programmieren, die Implementation „einfacher“ Algorithmen, das Verständnis der binären Grundlagen und der Auswirkungen der Informatik auf Mensch und Gesellschaft. Die Inhaltsfelder dieses Bandes sind grund- und leistungskursgerecht aufgearbeitet und bieten Material für die letzten zwei Jahre der gymnasialen Oberstufe.

Informatik 2 ermöglicht, ausgehend von Kapitel 1, die Vertiefung der objektorientierten Modellierung und Programmierung, die vor allem in den beiden Kapiteln 2 und 5 in den Bereichen lineare und nicht-lineare Datenstrukturen verstärkt angewendet werden soll. Dabei werden die Konzepte der Datenstrukturen ausgehend von lebensweltlichen Beispielen Schritt für Schritt abstrahiert und modelliert und unter anderem in Kapitel 3 in Algorithmen immer wieder in der Programmiersprache Java umgesetzt.

Das Kapitel 4 über endliche Automaten und formale Sprachen beinhaltet grundlegende Konzepte der theoretischen Informatik, die jahrgangsgerecht erläutert werden. Die zum Alltag gewordene Vernetzung von technischen Geräten wird in ihrer Entstehung, ihrem Aufbau und dem Entwurf eigener Systeme in Kapitel 6 behandelt. In Kapitel 7 werden Datenbanken hinsichtlich ihrer Modellierung, der Informationsgewinnung durch die Sprache SQL sowie ihrer Implementation thematisiert.

Die Reihe **„Die digitale Welt“** eröffnet Zugänge zu dem Inhaltsfeld „Informatik, Mensch und Gesellschaft“ sowie den Themen „Datenbewusstsein und Datenschutz“, „Künstliche Intelligenz“, „Berechenbarkeit“, „maschinennahe Programmierung“ sowie „Kryptologie“ und die „Verantwortung der Informatik“.

Arbeiten mit dem Buch

Das Buch ist in sieben Kapitel strukturiert, die aufeinander aufbauen. Jedes Kapitel enthält Unterkapitel, die in der Regel mit einem Aufgabenteil abschließen. Unterkapitel sind dabei mit Aufgabenverweisen versehen, welche Aufgaben mit vertiefenden Inhalten besonders hervorheben.
▸ AUFGABE 2–6

Durch die Projekteinstiege zu Beginn der Kapitel können Themen offen und problemorientiert in der Lerngruppe erarbeitet werden. Sie sind so gestaltet, dass sich die Lernenden zentrale Aspekte eines Themengebietes ausgehend aus ihrer Lebenswelt und auf eigenen Wegen aneignen können. Zudem eignen sich auch einige Aufgaben, Grafiken oder Bilder zum Einstieg in ein Thema.

Die Reihe **„Die digitale Welt“** zum Ende der Kapitel eröffnet Zugänge zu den Inhaltsfeldern „Informatik, Mensch und Gesellschaft“ sowie den Themen „Datenbewusstsein und Datenschutz“, „Künstliche Intelligenz“, „Berechenbarkeit“, „maschinennahe Programmierung“ sowie „Kryptologie“ und die „Verantwortung der Informatik“.

An einigen Stellen im Buch befinden sich QR-Codes. Dort sind ergänzende Materialien zu den Projekteinstiegen und zu Aufgaben hinterlegt. Diese stehen auch in einer Übersicht über den nachfolgenden QR-Code zur Verfügung:

Editor

```
/*Javacode ist in übersichtlichen
Editorfenstern dargestellt und
Schlüsselwörter sind farblich
hervorgehoben
*/
public void methodeTest()
{
  while(!huegelVorhanden("links"))
  {
    fahre();
  }
}
```

INFOKASTEN
Innerhalb der Lerneinheiten werden die Inhalte schülergerecht strukturiert und wichtige Begriffe in Lexikonkästen festgehalten. Hinweiskästen geben Erläuterungen, Anregungen zur Weiterarbeit oder zu Fachmethoden.

Aufgaben sind mit einem seitlichen blauen Balken gekennzeichnet und ermöglichen so ein schnelles Finden der relevanten Aufgaben. Die Symbole I, II und III kenzeichnen die drei Anforderungsbereiche I, II und III der Teilaufgaben.

Darüber hinaus sind Aufgaben mit den besonderen Aufgabentypen Rechnerarbeit, Partnerarbeit und Gruppenarbeit gesondert gekennzeichnet. Mit Blick auf schriftliche Lernerfolgskontrollen und Klausuren finden sich jeweils am Ende eines jeden Kapitels Aufgaben zur Prüfungsvorbereitung.

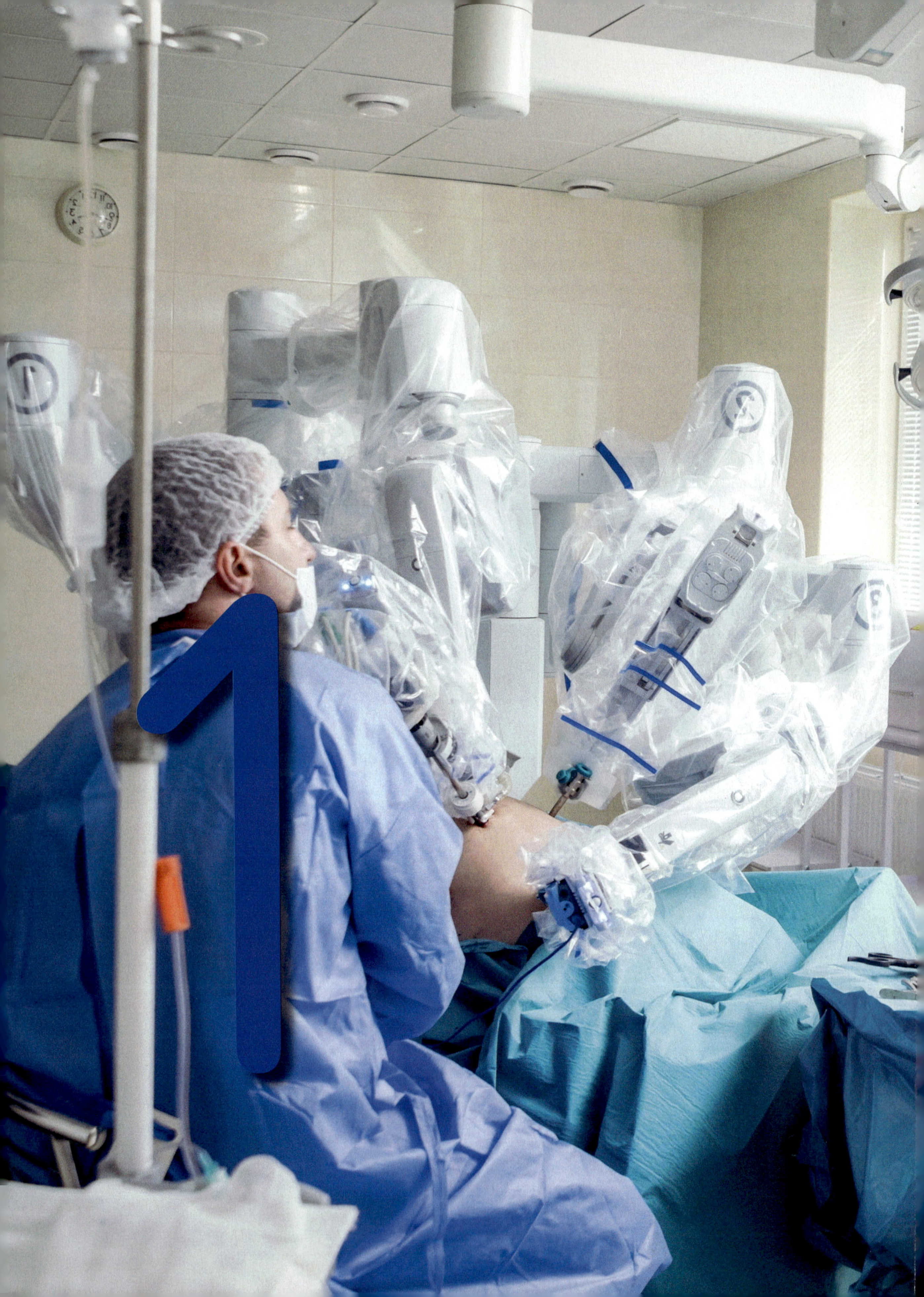

1

X Internationale Arbeitsteilung

In diesem Kapitel werdet ihr euch näher mit den internationalen Wirtschaftsbeziehungen befassen. Zunächst schauen wir auf die EU und setzen uns mit der gemeinsamen Währung auseinander. Weiterhin werdet ihr die Gründe, Merkmale, aber auch Probleme der internationalen Arbeitsteilung kennenlernen.

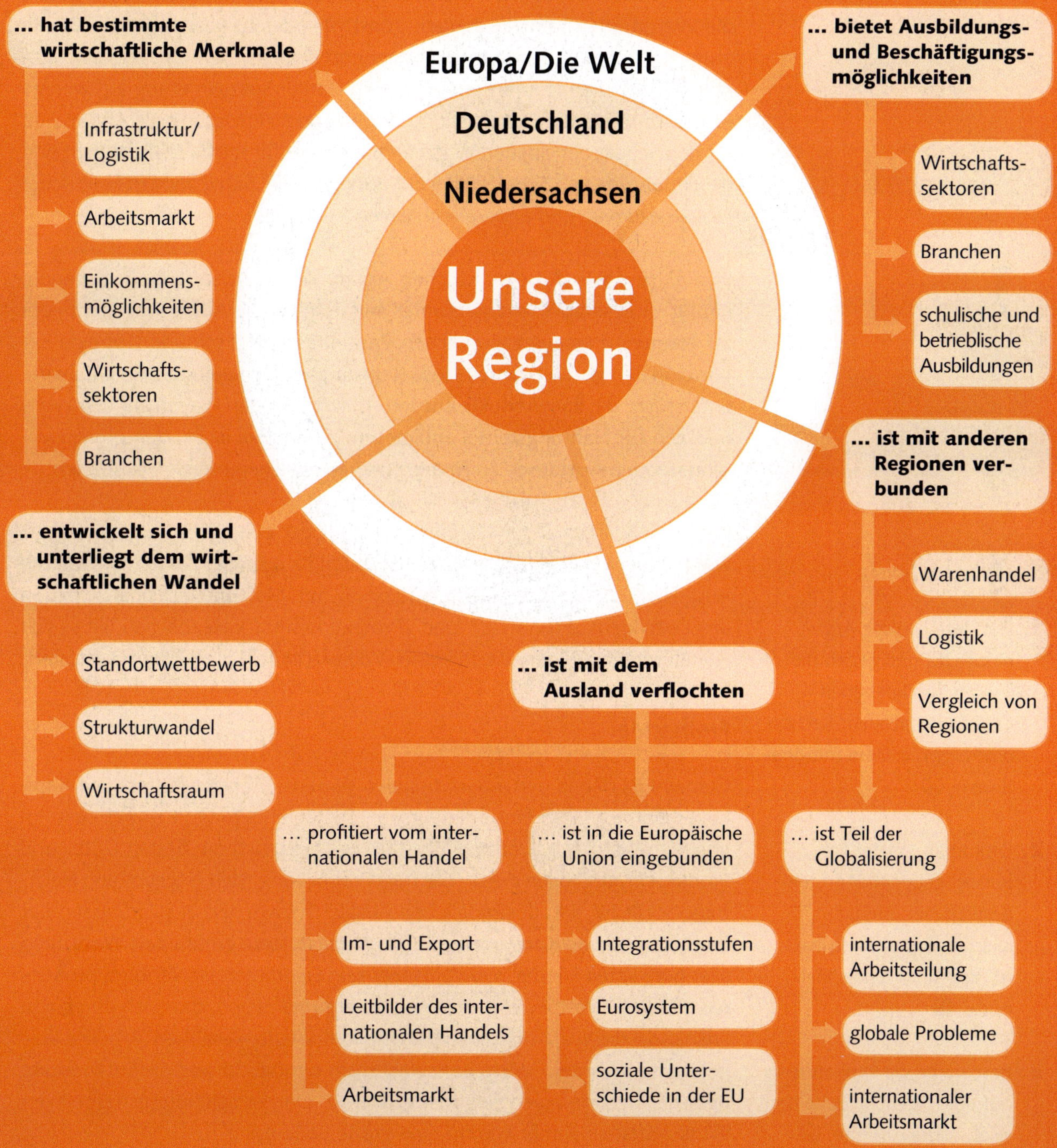

1 Leitbilder des Außenhandels

In erster Linie sind es nicht Länder, sondern Unternehmen in verschiedenen Ländern, die auf regionaler, nationaler und internationaler Ebene Handel miteinander betreiben.

Die Regierungen der Staaten versuchen auf vielfältige Weise, Einfluss auf die außenwirtschaftlichen Handelsbeziehungen zu nehmen. Häufig geht es um den Schutz der eigenen Volkswirtschaft vor ausländischen Konkurrenten, die Waren oder Dienstleistungen günstiger oder zu besseren Konditionen anbieten können. Befürworter benennen insbesondere die Arbeitsplatzsicherung im Inland, die Vermeidung zu starker Spezialisierung auf wenige Produkte sowie die Sicherstellung der eigenen Versorgung als Argumente für den Schutz der eigenen Wirtschaft. Beispiele für solche Maßnahmen sind die Einführung von Schutzzöllen auf Importwaren, Subventionen heimischer Industriezweige und andere rechtliche Regelungen.

Im Rahmen z. B. der europäischen Agrarpolitik werden diese Instrumente häufig eingesetzt. So werden unter anderem für die Ausfuhr einiger in der EU erzeugten landwirtschaftlichen Produkte wie Fleisch und Getreide Exportbeihilfen gezahlt. Durch diese Regelung werden europäische Landwirte unterstützt, die ihre Produkte ansonsten weit über den Preisen auf den Weltmärkten für Nahrungsmittel anbieten müssten. Ziel ist es, den grenzüberschreitenden Austausch zu fördern und Handelshemmnisse abzubauen.

INFO

Protektion:
engl. to protect = schützen

Der Außenwirtschaftspolitik eines Staates oder einer Staatengemeinschaft wie z. B. der EU liegt in der Regel ein Leitbild zugrunde, das Einfluss auf die Ausgestaltung der Außenwirtschaftspolitik hat. Man unterscheidet zwischen den Leitbildern „Freihandel“ und „Protektionismus“. Hierbei handelt es sich jedoch um Idealtypen, die in keiner Volkswirtschaft in Reinform auftreten.

1. Erläutere, welche Argumente für und gegen die beiden beschriebenen Leitbilder sprechen. Recherchiere ggf. weitere Informationen. ◒
2. Diskutiere, ob der Freihandel gegenüber protektionistischen Ansätzen für alle Beteiligten vorteilhaft ist. Begründe deine Meinung. ●
3. Beschreibe die Karikaturen auf der folgenden Seite und erkläre ihre Aussage. ◒

Freihandel

Gemeint ist damit, den internationalen Waren-, Dienstleistungs- und Kapitalverkehr von allen Einschränkungen und Behinderungen zu befreien. Im uneingeschränkten Wettbewerb setzen sich danach die besten Güter und Produktionsmethoden durch. Die freie Preisbildung nach Angebot und Nachfrage sorgt für den bestmöglichen Ausgleich zwischen den Interessen der Produzenten und Konsumenten. Die Arbeitsteilung erhöht den Wohlstand aller beteiligten Länder. Obwohl jeder sein Eigeninteresse verfolgt, profitieren alle vom Wettbewerb. Befürworter argumentieren, dass sich durch den Freihandel die Wahlmöglichkeiten der Konsumenten erhöhen, Arbeitsplätze geschaffen werden, Wirtschaftswachstum ermöglicht und die Entwicklung besserer Technologien begünstigt werde. Der Entscheidungsfreiheit der Wirtschaftsteilnehmer kommt eine große Bedeutung zu.

Protektionismus

Das Ziel von Protktionismus ist der Schutz der einheimischen Wirtschaft vor ausländischer Konkurrenz. Zu diesem Zweck werden mit unterschiedlichen Maßnahmen Ausfuhren erleichtert oder Einfuhren erschwert. Dazu gehören die Einrichtung tarifärer Handelshemmnisse (Einfuhrzölle auf bestimmte Waren) und nicht-tarifärer Handelshemmnisse wie Exportsubventionen, Mengenbeschränkungen usw.

Beim Protektionismus wird davon ausgegangen, dass die Außenwirtschaftsbeziehungen zentral geplant werden. Eine Entscheidungsfreiheit der Wirtschaftsteilnehmer ist nicht gegeben. Kritiker sagen, dass protektionistische Maßnahmen importierte oder im Inland hergestellte Waren verteuern und die Auswahlmöglichkeiten der Verbraucher einschränken. Häufig führe zudem der fehlende Wettbewerbsdruck zu einer Qualitätsminderung. Notwendige Anpassungen der heimischen Wirtschaft bzw. bestimmter Branchen an Veränderungen blieben aus und auf lange Sicht gingen Arbeitsplätze verloren.

INFO

Die **WTO** (Welthandelsorganisation) mit Sitz in Genf regelt den internationalen Warenverkehr, den Handel mit Dienstleistungen und den Schutz geistiger Eigentumsrechte. Die WTO, der über 150 Länder angehören, möchte weltweit Handelshemmnisse abbauen und regelt Handelsstreitigkeiten zwischen den Ländern.

2 Wirtschaftliche Integrationsstufen

INFO

Tarifäre Handelshemmnisse sind Zölle, die bei der Aus- oder Einfuhr von Produkten bezahlt werden müssen.

Nichttarifäre Handelshemmnisse sind alle Hemmnisse außer den Zöllen, mit denen Länder ihre Märkte schützen wollen: z. B. materielle, technische, steuerliche Schranken.

In jedem Land existiert ein Binnenmarkt – das ist für alle selbstverständlich. Das wirtschaftliche Geschehen spielt sich dort für alle nach weitgehend einheitlichen Regeln und Bedingungen ab, d. h. es existieren gleiche Chancen, gleiche Rechte und gleiche Pflichten für alle.

Aber auch zwischen Staaten, wie z. B. in der Europäischen Union, versucht man gleiche Bedingungen für das wirtschaftliche Handeln zu schaffen. Hierbei werden nach und nach die Handelsbeschränkungen zwischen den Staaten abgebaut; sie werden wirtschaftlich integriert. Dabei lassen sich verschiedene Stufen der ökonomischen Integration unterscheiden; zum einen im Hinblick auf die Stärke der wirtschaftlichen Verflechtung, zum anderen im Hinblick auf den Umgang, in dem wirtschaftspolitische Aufgaben und Befugnisse an über übernationale Organisationen übertragen werden.

Im Folgenden werden die „Idealtypen wirtschaftlicher Integration" beschrieben:

1. Stufe: Die Freihandelszone

Die Freihandelszone ist die erste Stufe eines wirtschaftlichen Zusammenschlusses zur Entwicklung gemeinsamer Handelsbeziehungen. In dieser Zone werden Handelshemmnisse zwischen den Mitgliedsländern beseitigt. Es gibt jedoch keinen gemeinsamen Außenzoll gegenüber Drittländern, sondern jedes Land legt die Außenzölle eigenständig fest. Wegen der unterschiedlichen Außenzölle der Mitgliedsstaaten muss verhindert werden, dass Einfuhren über das Land mit dem niedrigsten Zollsatz vorgenommen werden. Innerhalb der Freihandelszone werden daher nur solche Güter zollfrei gehandelt, die innerhalb der Freihandelszone produziert oder bestimmten Verarbeitungsprozessen unterworfen wurden.

2. Stufe: Die Zollunion

Die Zollunion ist ein Zusammenschluss von Staaten zu einem einheitlichen Zollgebiet. Zwischen den Mitgliedsstaaten fallen Handelsbeschränkungen weg und gegenüber den Drittländern wird ein gemeinsamer Außenzoll erhoben.

3. Stufe: Der Gemeinsame Markt

Der Gemeinsame Markt geht noch einen Schritt weiter, da durch die Verschmelzung mehrerer Volkswirtschaften binnenmarktähnliche Verhältnisse geschaffen werden sollen. Diese Stufe erfordert nicht nur die Freiheit des Waren- und Kapitalverkehrs, sondern auch die Freizügigkeit für Arbeitnehmer (sie dürfen in allen Mitgliedsstaaten arbeiten) sowie die Niederlassungsfreiheiten für Unternehmen in allen Mitgliedsstaaten. Gegenüber Drittländern existiert ein gemeinsamer Außenzoll.

1. Vergleiche die Handelsräume der EU-27 und von China und Asean-6 in Bezug auf die Bevölkerungszahlen, das Bruttoinlandsprodukt und den Warenhandel.

2. Analysiere anschließend die Zahlen in Bezug auf die Leistungsfähigkeit der Handelsräume.

4. Stufe: Die Wirtschafts- und Währungsunion

In einer Wirtschafts- und Währungsunion streben die Mitgliedsstaaten eine gemeinsame Wirtschaftspolitik in Form einer gemeinsamen Handels- und Währungspolitik an. Es muss nicht zwangsläufig eine gemeinsame Währung wie der Euro eingeführt werden, sondern es geht um feste Wechselkurse und volle Konvertibilität für die Währungen in den Mitgliedsstaaten.

5. Stufe: Die politische Union

Die letzte Stufe stellt die vollständige wirtschaftliche und politische Integration (Verschmelzung) verschiedener Volkswirtschaften dar.

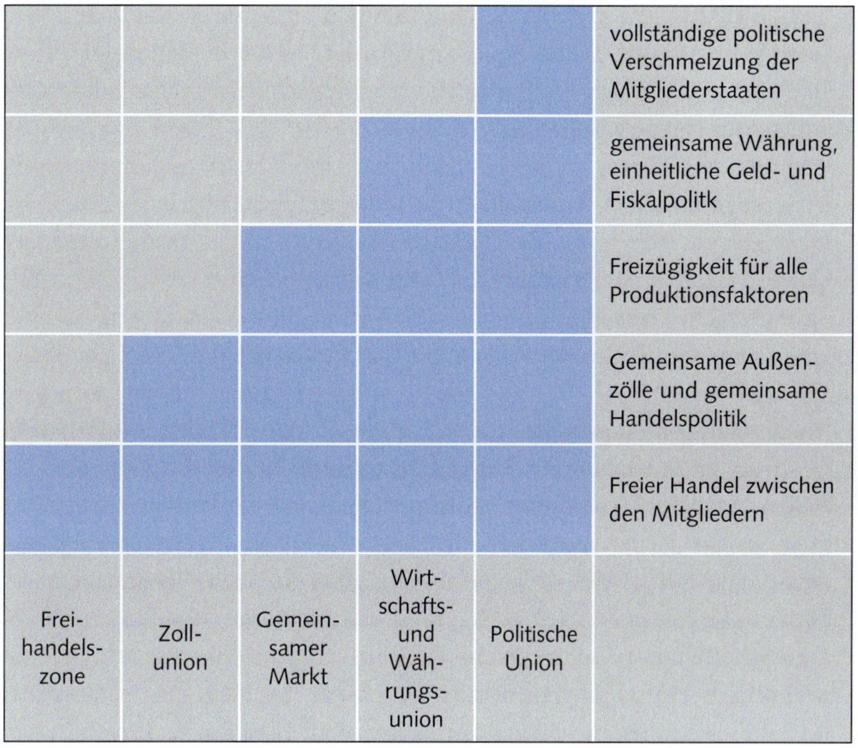

Der Austausch von Waren, Dienstleistungen sowie Kapital und Arbeit wird häufig durch viele nicht-tarifäre Handelshemmnisse behindert, wie z. B.

- **materielle/physische Schranken:** Es fährt z. B. ein Lkw von Amsterdam nach Turin und wird an jeder Grenze eines Landes angehalten. Sein Pass, die Papiere werden kontrolliert, Formulare müssen ausgefüllt, Erklärungen abgegeben werden usw. Dies alles kostet so viel Zeit, dass seine durchschnittliche Transportgeschwindigkeit sinkt und dadurch Kosten für den Spediteur entstehen, in deren Folge sich die Produkte verteuern.
- **technische Schranken:** Ein deutsches Ehepaar fährt nach Italien in den Urlaub. Vor dem Abendessen will man sich noch schnell rasieren und die Haare waschen. Überraschung: Weder der Rasierapparat noch der Föhn lassen sich benutzen, weil die Stecker nicht passen. Es sind unterschiedliche technische Normen vorhanden.

INFO

Konvertibilität: Eine Währung ist konvertibel, wenn sie unbegrenzt von In- und Ausländern in andere Währungen umgetauscht werden kann.

1. Erläutere die Unterschiede und gegebenfalls auch Vorteile einer Integraftionsstufe gegen-über der jeweils vorgelagerten Stufe. ◒

2. Mit dem EU-Binnenmarkt konnten nichttarifäre Handelshemmnisse nicht vollständig abgeschafft werden. Nenne Beispiele für technische und andere Schranken. Denke dabei z. B. an einen früheren Urlaub. ○

3 Aufbau und Aufgaben des Eurosystems

Am 1.1.2002 war es soweit: Mit der Einführung des Euro-Bargeldes wurde die Europäische Währungsunion (EWU) vollendet. Der Euro war gesetzliches Zahlungsmittel in den zunächst 12 Mitgliedsländern der EWU.

Die Deutsche Mark, gesetzliches Zahlungsmittel in der Bundesrepublik von 1948 bis 2001.

Der Euro, alleiniges gesetzliches Zahlungsmittel in Deutschland und den anderen Staaten der Eruopäischen Währungsunion seit dem 1.1.2002.

Helmut Schmidt, geb. 1918, Bundeskanzler von 1974 bis 1982

Q Die Gründe für eine Europäische Währungsunion hat der frühere Bundeskanzler **Helmut Schmidt** (SPD) 1995 anschaulich dargelegt: „Hätte sich der gemeinsame Markt der Vereinigten Staaten von Amerika so entwickeln können und die unglaubliche Leistungsfähigkeit und Anpassungsfähigkeit der amerikanischen Industrie, wenn es in New York einen Dollar gegeben hätte und einen anderen in Massachusetts, wieder eine andere Währung in Virginia, eine in North Dakota und eine in South Dakota, insgesamt also 50 verschiedene Währungen, jeder Staat mit seiner eigenen Währung? [...]

Nehmen wir einmal an, Sie besitzen eine Airline in Atlanta und müssen Flugzeuge bestellen bei Boeing. Die Lieferzeiten für das erste Flugzeug betragen ca. 1,5 Jahre, für das letzte Flugzeug dieser Bestellung vielleicht 12 Jahre. Die Preise werden aber heute fixiert. Wie wollen Sie sich eigentlich absichern gegen einen Verfall Ihrer Währung in Atlanta gegenüber der Währung in Seattle im Staate Washington an der Pazifischen Küste? [...]

Gegenwärtig betragen die reinen Umtausch- bzw. Transferkosten von Währungen innerhalb unseres gemeinsamen Marktes pro Jahr rund 30 Milliarden Mark. Sie können leicht verstehen, wie das kommt. Stellen Sie sich vor, Sie steigen morgen in aller Frühe in Fuhlsbüttel in ein Flugzeug und haben 1000 Mark in die Brieftasche gesteckt. Damit fliegen Sie nach Stockholm. Sie geben keine Mark aus, keinen Pfennig. Sie tauschen den Betrag lediglich in schwedische Kronen um. Anschließend fliegen Sie weiter nach Kopenhagen, dort tauschen Sie das Geld um in dänische Kronen; anschließend fliegen Sie weiter nach London, [...] nach Lissabon, Rom; Athen nicht zu vergessen. Sie geben überall keinen Pfennig aus, Sie tauschen Ihr Geld immer nur um in die Währung des jeweiligen Landes. [...] Was glauben Sie, wie viel von Ihre 1000 Mark Sie noch haben, wenn Sie abends wieder in Hamburg sind? [...] Es bleibt Ihnen weniger als die Hälfte. [...] Nun ist zwar keiner so verrückt, durch alle 15 Länder zu reisen und sein Geld dauernd umzutauschen, es gibt ja Kreditkarten dafür. Aber das Beispiel, das Sie selbst nachrechnen können, macht deutlich, dass die tatsächlichen Transferkosten enorm sind. [...]

Der wichtigste ökonomische Vorteil der gemeinsamen Währung ist in meinen Augen, dass innerhalb Europas alle Wechselkursrisiken wegfallen. Jemand, der als Franzose Investitionsgüter nach Deutschland liefert oder als Deutscher nach Italien oder wie auch immer, der kann sich auf die heutigen Wechselkurse nicht verlassen. Je länger die Fertigungszeiten, umso größer ist das Wechselkursrisiko."

1. Ermittle die Argumente für die Gründung einer Währungsunion, die Helmut Schmidt in seinem Vortrag anführt.

Quelle: aus einem Vortrag von Helmut Schmidt am 14.11.1995 in Hamburg, zit. nach Politik konkret Nr. 3/1997, hrsg. vom Institut für Lehrerfortbildung in Hamburg, S. 7

Chronik der Europäischen Währungsunion

Die Europäische Währungsunion verlief bis heute in folgenden Schritten:

7. Februar 1992: Vertrag von Maastricht über die Europäische Union (EU), Beschluss über die Errichtung einer Wirtschafts- und Währungsunion.

1. Juni 1998: Die Europäische Zentralbank (EZB) in Frankfurt/Main nimmt ihre Arbeit auf.

1. Januar 1999: Einführung des Euro als gemeinsame europäische Währung in elf (ab 2001 in 12) EU-Staaten, zunächst nur als Buchgeld.

Ab 1. Januar 2002: Das Euro-Bargeld wird in den Staaten der Euro-Zone eingeführt.

1. Januar 2007: Slowenien tritt als erstes osteuropäisches Land der Eurozone bei.

1. Januar 2008: Malta und Zypern führen den Euro ein.

1. Januar 2009: Slowakei führt den Euro ein.

1. Januar 2011: Estland führt den Euro ein.

INFO

Das **Buchgeld** wird auf Konten bei den Banken geführt. **Bargeld** sind die Geldscheine und Münzen, über die man bei sich hat.

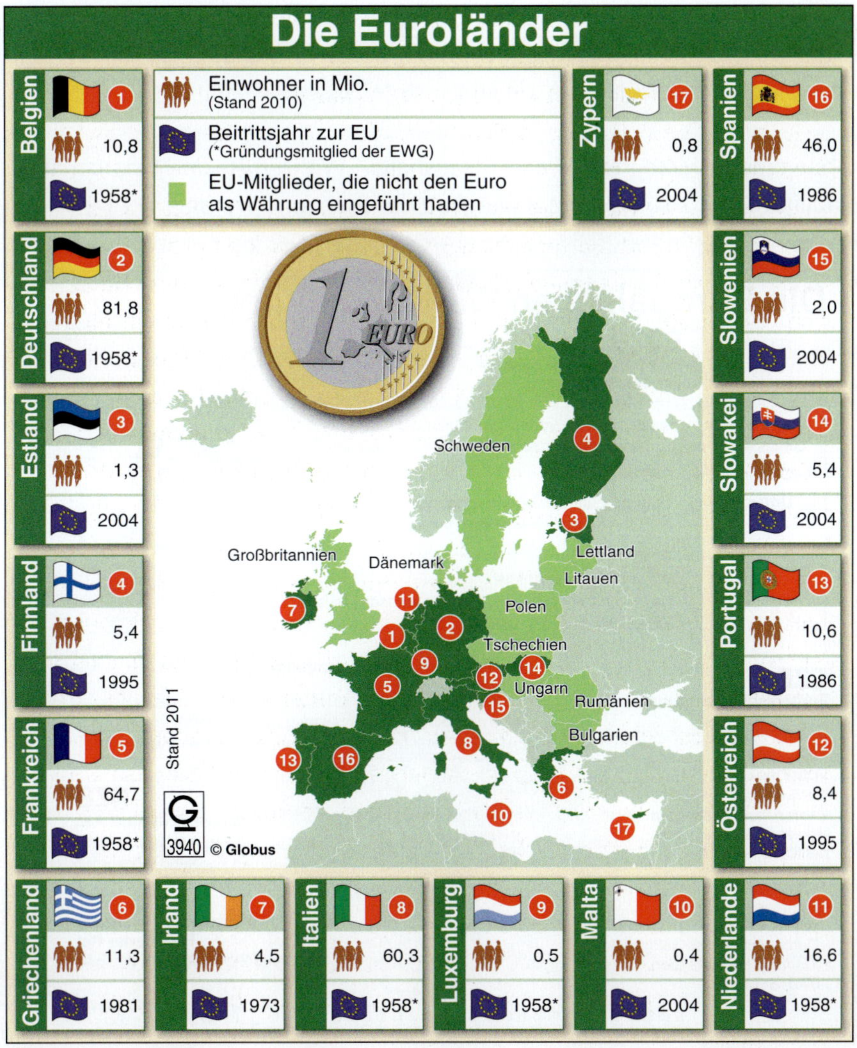

1. Erläutere die Konvergenzkriterien, die ein EU-Mitgliedsland erfüllen muss, wenn es Teil der Währungsunion sein möchte.

2. Begründe die Notwendigkeit von Konvergenzkriterien für die Währungsunion.

1-Euro-Münze aus Slowenien

2-Euro-Münze aus Zypern

2-Euro-Münze aus Malta

2-Euro-Münze aus Estland

EU-Mitglieder müssen bestimmte Konvergenzkriterien (die sogenannten „Maastrichtkriterien") erfüllen, bevor sie in die Währungsunion aufgenommen werden:

- Inflationsrate höchstens 1,5 % über derjenigen der drei preisstabilsten Mitgliedsländer der Vorjahre,
- jährliche Neuverschuldung nicht mehr als 3 % des BIP,
- öffentlicher Schuldenstand nicht mehr als 60 % des BIP,
- stabile Wechselkurse, stabile langfristige Zinsen.

Ohne eine gewisse Preisniveau-, Haushalts-, Währungs- und Finanzmarktstabilität kann also kein Staat Mitglied der Eurozone werden.

1. Nenne die Aufgaben der Europäischen Zentralbank. ○

2. Erkläre das Schaubild zur Europäischen Zentralbank. Weshalb ist es notwendig, zwischen dem Europäischen System der Zentralbanken (ESZB) und dem Eurosystem zu unterscheiden? ◒

3. Erläutere die Konvergenzkriterien, die ein EU-Mitgliedsland erfüllen muss, wenn es Teil der Währungsunion sein möchte. ◒

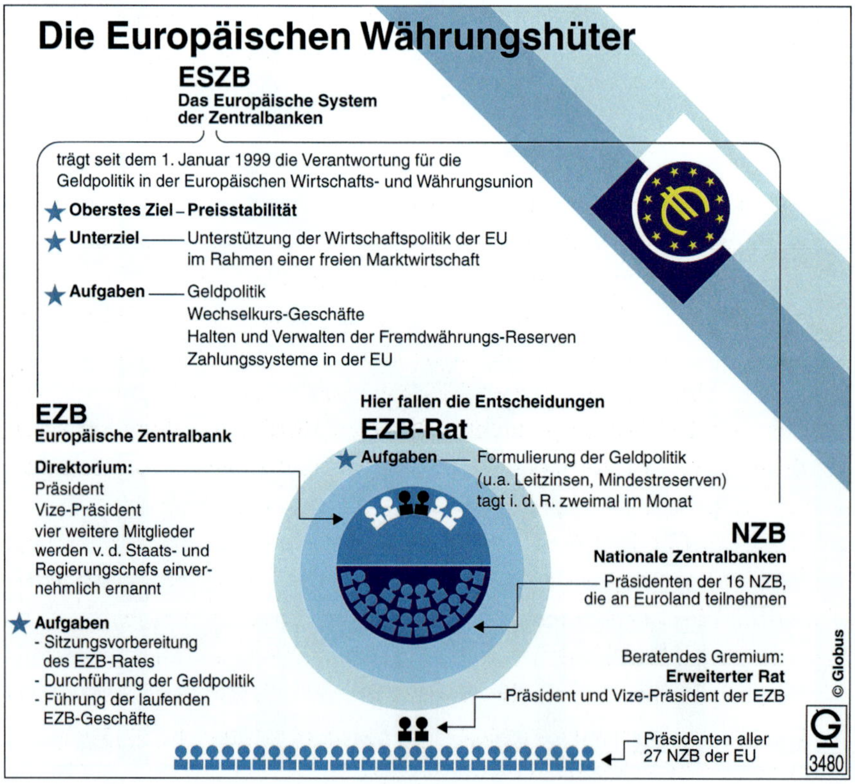

Vor- und Nachteile des Euro

Q

Professor Norbert Walter Chefvolkswirt der Deutschen Bank: Euro ist eine Geschichte des Erfolges (2007)

Seit einem halben Jahrzehnt stecken wir Euros in die Münzautomaten, zahlen unsere kleinen Rechnungen mit den Euro-Banknoten. [...] Nach einem beachtlichen Start des Euros mit Kursen über 1,10 US-$ sackte er auf 80 US-$-Cent ab und gab den Zweiflern am neuen Geld Nahrung. Seit Mitte 2002 jedoch ergab sich ein dramatischer Wertanstieg von fast 50 % zum US-$. Gegenüber dem Yen legte der Euro in den letzten 6 Jahren gar um starke 60 % zu. Da sich das amerikanische Leistungsbilanzdefizit mit fast 7 % vom Sozialprodukt auf unhaltbarem Niveau befindet und sich die japanische Zentralbank schwer tut, ihre Zinsen heraufzusetzen, dürfte der Wechselkurs des Euro weiter steigen. [...]
Schön ist es für Eurobesitzer, dass sie mit ihrer Währung in Drittländern kaufkräftig sind. Dies müsste insbesondere den Deutschen gefallen, sind sie doch die Reiseweltmeister. Und hat sich doch viel von der Liebe zur D-Mark an ihrer beständig steigenden internationalen Kaufkraft fest gemacht. Da sollte also alsbald eine gründliche Überprüfung der nach wie vor vorhandenen Skepsis gegenüber dem Euro fällig sein.
Aber auch zur Überprüfung eines weiteren Vorurteils sollte die Zeit reif sein. In den fünf Jahren des Euro betrug der Anstieg der Verbraucherpreise im Durchschnitt 1,6 % pro Jahr. Damit lag der Anstieg weit unter dem durchschnittlichen Preisanstieg in den fünfzig Jahren D-Mark von 2,9 %. Bei solchen Relationen den Euro als Teuro zu kennzeichnen, reflektiert mangelnde Bereitschaft, die Wirklichkeit wahrzunehmen. Auch an den Kapitalmärkten hat sich die neue Währung fest etabliert. Sie ist unzweifelhaft die Nummer zwei auf dem Globus. [...]

Aber nicht alles im Währungsprojekt Euro ist eitel Wonne. Die von uns so politisch korrekt als „pre-ins" bezeichneten Mitgliedsländer Großbritannien, Schweden und Dänemark sind noch immer draußen vor der Tür. Und schlimmer noch, es besteht in keinem Fall ein Zeitplan für den Beitritt. Ja, für Großbritannien sieht es gar nach ewigem Fernbleiben aus. Und auch die neuen EU-Mitgliedsländer werden nicht – wie noch vor drei Jahren gedacht – 2008 an Bord sein. Nur Slowenien führte zum 01.01.2007 den Euro ein, während Litauens Aufnahmegesuch wegen einer marginalen Verfehlung des Inflationszieles abgelehnt wurde. Sowohl Ratgeber aus den alten EU-Ländern wie politische Kräfte in den neuen Mitgliedsländern wirken auf eine Verzögerung der übrigen Beitritte hin. Realistischerweise dürfte es bis 2012 dauern, bis sechs bis neun weitere Länder sich dem Euroraum anschließen. Das ist nicht nur weniger ambitioniert als die ursprünglichen Pläne, es gefährdet auch Integrationswillen und Integrationsmöglichkeiten. Hoffentlich müssen wir später unser Zaudern nicht bereuen.

1. Arbeite die positiven und negativen Aspekte in Norbert Walters Text zum 5-jährigen Jubiläum der Euro-Bargeldeinführung heraus.

Quelle:
Welt am Sonntag, 7. Januar 2007

4 Was ist Globalisierung?

INFO

Deregulierung
Unter Deregulierung versteht man den Abbau von Gesetzen, Verordnungen und Richtlinien. Mit dieser Rücknahme verbindlicher Regelungen sollen technische, wirtschaftliche und soziale Neuerungen angeregt werden. Außerdem sollen die veränderten Rahmenbedingungen dazu beitragen, wirtschaftliche Entscheidungen schneller zu realisieren.

Einflussfaktoren der Globalisierung

Globalisierung ist das Ergebnis eines Internationalisierungsprozesses, der so alt ist wie die Geschichtsschreibung. Sie betrifft nicht nur die Ökonomie, sondern fast alle Lebensbereiche: Konsum und Lebensformen, Politik und Recht sowie Technik und Wissenschaft. Die Märkte dieser Welt – egal, ob es um Sachgüter, Dienstleistungen, Arbeitskraft oder Kapital geht – wachsen zusammen, ökonomische Aktivitäten sind zunehmend weltweit vernetzt. Das Markenzeichen „Made in Germany" bedeutet immer seltener, dass Güter in Deutschland vollständig produziert werden. Denn Unternehmen können für unterschiedliche Aufgaben im Rahmen des Leistungsprozesses verschiedene Auftragnehmer im Ausland suchen – an jeweils geeigneten Standorten.

Globalisierung ist ein Prozess, der nationalstaatliche Grenzen überwindet, zur Ausweitung und Verstärkung wissenschaftlich-technischer, ökonomischer, polititscher und soziokultureller Beziehungen zwischen den Kontinenten führt und schließlich den gesamten Erdball umspannt. In wirtschaftlicher Hinsicht geht es um die zunehmende Beschleunigung der Verflechtung weltweiter Märkte für Güter, Dienstleistungen und Kapital, die Liberalisierung und Deregulierung der nationalen und regionalen Märkte und das Zusammenwachsen derselben.

Dass die Globalisierung ein dynamischer Prozess ist, darüber herrscht Einigkeit. Über die Rahmenbedingungen und Gestaltungsmöglichkeiten der Globalisierung wird jedoch gestritten.

Obst aus verschiedenen Ländern

1. Stelle dar, wie bereits unsere Ernährungsgewohnheiten Globalisierungsprozesse widerspiegeln.

2. Ermittle eigene Beispiele für die vier genannten Ursachen globaler Prozesse.

3. Analysiere die Statistik.

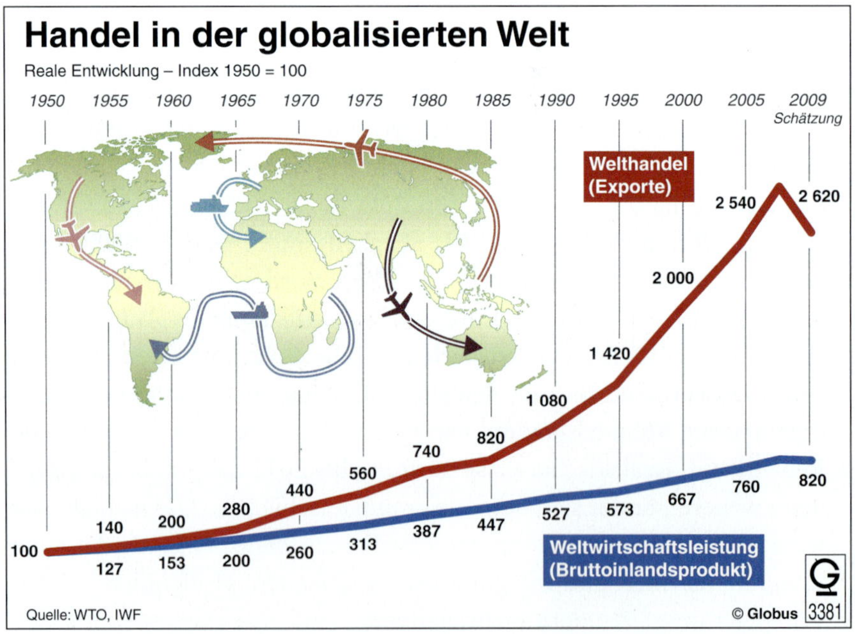

Verschiedene Faktoren sind für die Globalisierung verantwortlich:

- Da gibt es zum einen **technologische Entwicklungen**, die den globalen Austausch von Gütern, Dienstleistungen und Informationen befördern. War es früher sehr mühselig und zeitaufwendig, Güter von einem Land zum anderen oder gar von einem Kontinent zum anderen zu bewegen, so ist dies heute dank Containerschifffahrt, ausgebautem Luftverkehr usw. schnell und günstig zu bewerkstelligen. Zudem lassen sich Informationen schnell per Computer übermitteln, wo früher ebenfalls umständliche Vorgehensweisen notwendig waren.
- Aus wirtschaftlicher Sicht sind es vor allem die zunehmende **Öffnung und Deregulierung nationaler Märkte**, wie z. B. der Energiemärkte, einschließlich des Abbaus von Beschränkungen des Devisen- und Kapitalverkehrs. Dadurch nehmen der Wettbewerb auf den Märkten sowie die im Ausland getätigten Investitionen durch Unternehmen stetig zu.
- Grundlage hierfür sind insbesondere auch **politische Entwicklungen** wie die Entstehung neuer Wachstumszentren in Asien oder der Zusammenbruch der ehemals zentralverwaltungswirtschaftlichen Strukturen in Osteuropa. Auch die Erweiterung der EU ist hierzu zu zählen.
- Gleichzeitig verändern sich sozio-kulturelle Strukturen. Die Menschen werden mobiler, während sich gleichzeitig Lebensstile, Konsumgewohnheiten und Wertvorstellungen verändern und z. T. angleichen. Dazu zählen z. B. „globalisierte Trends" in den Lebensbereichen Mode, Musik, Essen und Sport.

1. Nenne Beispiele für globalisierte Konsumgewohnheiten. ○

Die folgende Abbildung fasst die Ursachen der Globalisierung zusammen.

technologische
- weltumspannendes Kommunikationsnetz (Computerisierung, Miniaturisierung, Mobiltelefon, Internet, Glasfaserkabel u. a.)
- Senkung von Transaktionskosten durch moderne Verkehrs- und Kommunikationstechnologien

ökonomische
- Deregulierung auf den Güter- und Faktormärkten
- Abbau von Handelshemmnissen
- Abbau von Devisen- und Kapitalverkehrsbeschränkungen
- Mobilität von Kapital und Wissen
- steigende Direktinvestitionen von Firmen im Ausland
- Bildung multinationaler Unternehmen
- verändertes Verbraucherverhalten (Produktvielfalt!)
- zunehmende Konkurrenz durch Schwellen- und Entwicklungsländer

sozio-kulturelle
- zunehmende Mobilität des Menschen
- globale Produkte
- wachsende Angleichung von Lebensstilen, Normen, Ritualen und Wertvorstellungen

politisch rechtliche
- Neue Wachstumszentren im asiatisch-pazifischen Raum, z. B. China
- Transformation der Wirtschaftsordnungen in den mittel- und osteuropäischen Ländern (Öffnung der Märkte für Sachgüter, Dienstleistungen und Kapital)
- Zusammenbruch des Sozialismus und Abbau politischer Spannungen
- EU-Erweiterung

Pro und Kontra Globalisierung

Die **Befürworter** der Globalisierung beziehen sich auf die Vorteile von Märkte und der internationalen Arbeitsteilung. Man befürwortet das Grundprinzip des Freihandels, ist also weitestgehend gegen staatliche Eingriffe in die internationalen Wirtschaftsbeziehungen und sieht die Globalisierung der Märkte als eine Voraussetzung für Wirtschaftswachstum und zukünftigen Wohlstand in Industrie- und Entwicklungsländern.

Kritiker der Globalisierung glauben dagegen, dass die Märkte sich selbst regulieren können. Man befürchtet u. a., dass die Schere zwischen Arm und Reich immer weiter auseinandergeht, dass sozialstaatliche Errungenschaften und die Umwelt geopfert werden und dass immer mehr Großkonzerne Macht ausüben werden. Kritiker sehen einen internationalen Handlungsbedarf, insbesondere im Bereich der internationalen Finanzen und der Armutsbekämpfung.

Demonstration von Globalisierungsgegnern

B

Ein Streitgespräch

Frau Bär und Herr Meens streiten sich mal wieder. Immer, wenn es um Politik- oder Wirtschaftsfragen geht, vertreten die beiden unterschiedliche Meinungen. Dies gilt auch bezüglich der Frage, welche Bedeutung der Globalisierung in der heutigen Welt zukommt.

Frau Bär: Wenn ich diese Demonstrationen der Globalisierungsgegner sehe, kriege ich Kopfschmerzen. Was wollen die denn? Sollen wir die Grenzen wieder dicht machen und jeder sieht zu, wie er am besten zurecht kommt?

Herr Meens: Das ist doch Unsinn. Zum Glück nehmen nicht alle Menschen wie die Schafe alles hin und wehren sich gegen Ungerechtigkeiten. Klar, dass Sie das nicht verstehen. Aber ohne die Proteste würde die Globalisierung noch ungezähmter voranschreiten und noch mehr Menschen würden in Armut verfallen.

Frau Bär: Genau umgekehrt wird ein Schuh daraus. Eben weil die Globalisierung voranschreitet, geht es immer mehr Menschen in der Welt besser. Diejenigen Länder, die ihre Märkte öffnen, erleben einen Wohlstandzuwachs. Nur dort, wo man sich verschließt, verschlimmert sich die Situation.

Herr Meens: So stellen es diejenigen dar, die von der Öffnung dieser Märkte profitieren und mit ihren Gütern endlich auch dort die Märkte überschwemmen können. Die gesamte Diskussion um die Liberalisierung der Märkte dient doch nur dazu, die Industriestaaten noch stärker zu machen.

Frau Bär: Na klar, so macht man sich die Welt mal wieder einfach. Da schwarz, da weiß. Doch für die wirtschaftlich schwierige Lage der Entwicklungsländer gibt es viele Gründe, vor allem auch innenpolitische. Wie soll denn Entwicklung stattfinden, ohne Öffnung? Zudem geht es mir echt auf den Geist, dass immer alle täglich von der Globalisierung profitieren, bei jeder Gelegenheit aber den moralischen Zeigefinger heben.

Herr Meens: Na klar, dann sagt man lieber gar nichts und lässt die Politik und das Großkapital machen … aber nicht mit mir.

Frau Bär: Nehmen wir noch ein Glas vom südafrikanischen Rotwein? …

1. Setze den Dialog fort, indem du weitere Argumente für beide Personen entwickelst.

2. Erläutere die Aussagen der beiden Karikaturen.

3. Bewerte die Wirkung der Globalisierung für dein Leben.

5 Globalisierung auf dem Arbeitsmarkt

Die internationale Arbeitseinteilung bewirkt, dass Güter dort produziert werden, wo im Ergebnis die besten bzw. günstigsten Produktionsbedingungen anzutreffen sind. Im Gegensatz zum Produktionsfaktor Kapital (hierzu zählen alle zur Produktion notwendigen Güter wie Maschinen, Anlagen oder Werkstoffe) weist der Produktionsfaktor Arbeit eine deutlich geringere Mobilität auf. Menschen wechseln nicht so schnell den Ort wie Geld.

Um die Mobilität der Arbeitskraft zu erhöhen, spielen Anreize eine wesentliche Rolle. Arbeitskraft wandert – in der Theorie – dorthin, wo ihre Entlohnung am höchsten ist. Die höchsten Löhne werden dort gezahlt, wo der Faktor „Arbeit" am besten eingesetzt wird. Es gibt qualifizierte Arbeitskräfte, die heute quasi weltweit eine Anstellung finden können. Einige Beispiele sollen das verdeutlichen: Nach dem Zusammenbruch des Sozialismus hat es einen „brain drain" wissenschaftlichen Personals aus Osteuropa in reiche Industrieländer, insbesondere in die USA, gegeben. Viele Länder der Dritten Welt leiden heute auch darunter, dass die wenigen, gut ausgebildeten Fachkräfte zumeist im Ausland arbeiten. Aber auch Deutschland hat mit der Abwanderung von Fachkräften zu kämpfen: Spitzenforscher, insbesondere in den naturwissenschaftlichen Disziplinen, hinterlassen mit ihrer Auswanderung in besonderem Maß ein Lücke am Wissenschafts- und Wirtschaftsstandort Deutschland.

Bedeutsamer ist allerdings die armutsbedingte Migration (Einwanderung) aus Entwicklungsländern in die Industrieländer; sie wird künftig aller Voraussicht nach noch zunehmen. Nach Schätzungen von Experten flüchten von zehn Migranten neun aus wirtschaftlichen und nur einer aus politischen Gründen.

Kinder von Migranten in der Schule

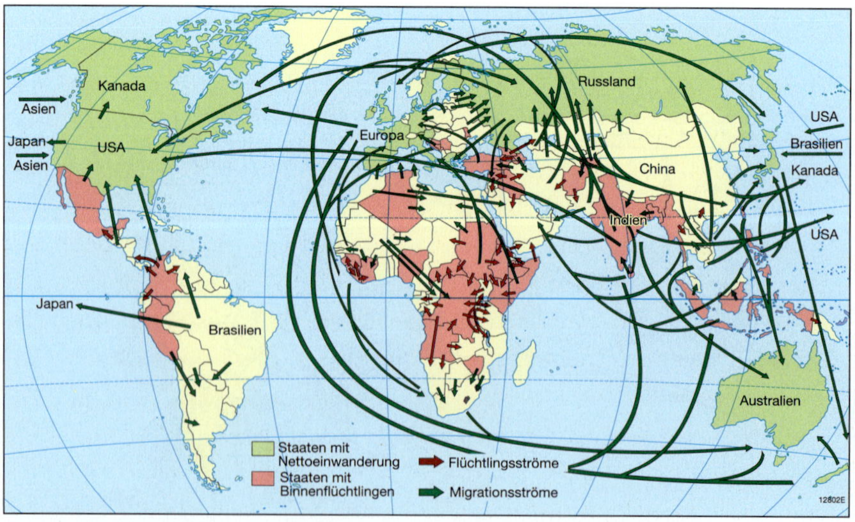

Migration weltweit

Während hoch qualifizierte Arbeitskräfte zu den Gewinnern der Veränderungen im Zuge der Globalisierung zählen, sind es vor allem die gering qualifizierten, die als Verlierer der globalen Veränderungen der Arbeitsmärkte genannt werden müssen. Es gilt: Je qualifizierter und produktiver ein Arbeitsplatz ist, desto weniger besteht die Gefahr, dass er ins Ausland verlagert wird oder zur Abwendung dieser Gefahr Lohneinbußen hingenommen werden müssen.

Viele Staaten greifen zu unterschiedlichen Mitteln, um Schutzbarrieren für ihre Arbeitnehmer aufzubauen. Ein Beispiel ist das in Deutschland geltende Arbeitnehmer-Entsendegesetz, nach dem im Inland geltende Mindeststandards in bestimmten Branchen auch für ausländische Arbeitgeber, die Arbeitskräfte in Deutschland einsetzen, verbindlich sind.

Q

Entsendegesetz: Schutz gegen die globalisierte Arbeitswelt [...]

Die Globalisierung ist deutschen Arbeitnehmern viel näher, als sie es selbst oft vermuten: So kommen vermehrt im Ausland ansässige Unternehmen nach Deutschland und führen hier Aufträge aus. Dabei treten sie oft als Subunternehmer heimischer Betriebe auf und entsenden dafür ihre Arbeitnehmer nach Deutschland. Im Interesse eines fairen Wettbewerbs und zur Wahrung der Interessen aller Arbeitnehmer gibt es deshalb das Arbeitnehmer-Entsendegesetz. [...]

Das Entsendegesetz regelt für bestimmte Branchen Mindeststandards am Arbeitsplatz. Es versucht, Dumpinglöhne und verschlechterte oder unterschiedliche Arbeitsbedingungen zu vermeiden. Schließlich sind die entsendeten Arbeitnehmer von ihren Unternehmen grundsätzlich zu den Arbeitsbedingungen ihres Herkunftsstaates beschäftigt. Doch gerade bei osteuropäischen Arbeitnehmern unterscheiden sich diese gravierend von den hiesigen. [...]

Nach dem Entsendegesetz muss der Arbeitgeber seinen Mitarbeitern für die Zeit der Entsendung die am Arbeitsort maßgeblichen Arbeitsbedingungen gewähren. Dieses Gesetz gilt immer dann, wenn es sich um Arbeitsbedingungen handelt, die in Gesetzen und Verwaltungsvorschriften geregelt sind. Hierzu zählen Höchstarbeitszeiten und Mindestruhezeiten, bezahlter Mindestjahresurlaub, Mindestentgeltsätze einschließlich der Überstundensätze, Arbeitsschutz und -sicherheit, Schutzvorschriften für Schwangere sowie Nichtdiskriminierungsvorschriften. [...]

Sind die Arbeitsbedingungen in Tarifverträgen geregelt, kann das Bundesministerium für Arbeit und Soziales eine spezielle Rechtsverordnung erlassen. Die tariflich geregelten Arbeitsbedingungen werden dann auf alle nicht tarifgebundenen Arbeitgeber und Arbeitnehmer erweitert.

1. Erkläre mit eigenen Worten, weshalb deutsche Arbeitnehmer mit einer relativ hohen Qualifikation eher von der Globalisierung profitieren, während für weniger qualifizierte Arbeitskräfte das Gegenteil gilt. ○

2. Diskutiere Vor- und Nachteile des Entsendegesetzes aus unterschiedlichen Sichtweisen (z. B. Arbeitnehmer, Arbeitgeber, Konsument). ●

3. Erkläre, inwieweit der deutsche Staat heute Anreize schaffen muss, um Fachkräfte anzulocken bzw. zu halten. ◒

Quelle:
Ulf Weigelt, www.stern.de/wirtschaft/arbeit-karriere/arbeit/:Entsendungsgesetz-Schutz-Arbeitswelt/607680.html

6 Globale Probleme: Notwendigkeit internationaler Zusammenarbeit

Staatenübergreifende Problemfelder

Der Staat setzt die Rahmenbedingungen für die Akteure im Wirtschaftsgeschehen. Vor dem Hintergrund der Globalisierung werden Entscheidungen zunehmend auf internationaler Ebene getroffen. Überall dort, wo Güter über Landesgrenzen hinweg getauscht oder Handlungen von Wirtschaftsakteuren Wirkungen über Landesgrenzen hinaus verursachen, bedarf es besonderer Regelungen. Regionale bzw. nationale Entscheidungen werden zunehmend auf der Basis internationaler Verinbarungen getroffen. Für die Bundesrepublik ergibt sich folgendes „Stufenmodell“:

kommunale Ebene
(Stadt- bzw. Gemeinderat, Bürgermeister)

Landesebene
(Landtag, Landesregierung)

Bundesebene
(Bundestag, Bundesregierung)

europäische Ebene
(Organe der Europäischen Union)

internationale Ebene
(z. B. WTO, IWF, Weltbank)

Politische Entscheidungsebenen

Landtag in Hannover

Europaparlament in Straßburg

In zahlreichen (wirtschafts)politischen Handlungsfeldern besteht die Notwendigkeit internationaler Zusammenarbeit:

- Der **weltweite Handel** von Gütern und Dienstleistungen kann nur funktionieren, wenn die Akteure relativ sichere Rahmenbedingungen vorfinden und der Austausch möglichst wenigen Beschränkungen unterliegt. Daher gilt es gleichzeitig, protektionistische Maßnahmen einzelner Staaten möglichst zu verhindern.
- Die **Finanzkrise** hat gezeigt, dass nationale Entscheidungen und Prozesse die Handlungsmöglichkeiten anderer Staaten direkt beeinflussen. Es bedarf deshalb internationaler Bestimmungen, z. B. im Bank- und Finanzwesen.
- Im Zeitalter des Internets lässt sich der **Schutz geistigen Eigentums** (Musik, Filme etc.) nur auf internationaler Ebene sicherstellen, ausschließlich nationale Lösungen sind nicht wirkungsvoll.
- **Umweltschäden** treten grenzüberschreitend auf. So verändert sich das Klima auf der gesamten Welt, unabhängig davon, wo CO_2 in Massen ausgestoßen wird. Will man den folgenden Generationen eine lebenswerte Welt überlassen, so bedarf es internationaler Zusammenarbeit.

Schon für Regelungen auf nationaler Ebene muss zwischen unterschiedlichen Interessen vermittelt und gegebenenfalls Konflikte beteiligter Interessengruppe geschlichtet werden. Politsche Entscheidungen sind auch oft Kompromisse. Die mit diesen Kompromissen oft verbundenen Probleme erhöhen sich auf europäischer und internationaler Ebene noch. Neben den üblichen Interessenvertretern stehen sich hier auch noch Regierungsvertreter unterschiedlicher Staaten mit zum Teil vollkommen unterschiedlichen Zielen gegenüber.

Weltweite Energieversorgung

Spannend zu beobachten ist, welche Faktoren die Märkte für Energierohstoffe (z. B. Öl, Kohle, Erdgas) beeinflussen. Besonders deutlich sind Auswirkungen oft im Fall von Naturkatastrophen oder Unfällen. So wütete in den USA 2005 ein schlimmer Hurrikan, der viele Ölförderanlagen zerstörte. In der Folge ging das Angebot für Erdöl auf dem Markt kurzzeitig zurück und der Preis stieg.
Auch Kriege und Unruhen in wichtigen Förderländern sorgen weltweit für Angst davor, dass durch Kriegshandlungen weniger Energierohstoffe auf den Markt kommen und die Preise entsprechend steigen. Der Rohstoff wird unter solchen Bedingungen besonders wertvoll und teuer. Es ist auch schon vorgekommen, dass Länder mit besonders großen Energievorräten die Abhängigkeit anderer Staaten dazu nutzten, bewusst die Preise in die Höhe zu treiben, indem sie ganz bewusst weniger Rohstoffe als möglich lieferten.

Auf der Nachfrageseite kann großes Interesse an einem Energierohstoff die Preise in die Höhe treiben. Vor allem in Asien, wo z. B. China und Indien eine rasante wirtschaftliche Entwicklung erleben, nimmt der Energieverbrauch seit einigen Jahren stetig zu. Das führt zu weltweit steigenden Preisen. Die folgende Grafik zeigt Faktoren, die in den letzten Jahren den Preis eines besonders wichtigen Energierohstoffes, dem Erdöl, beeinflusst haben.

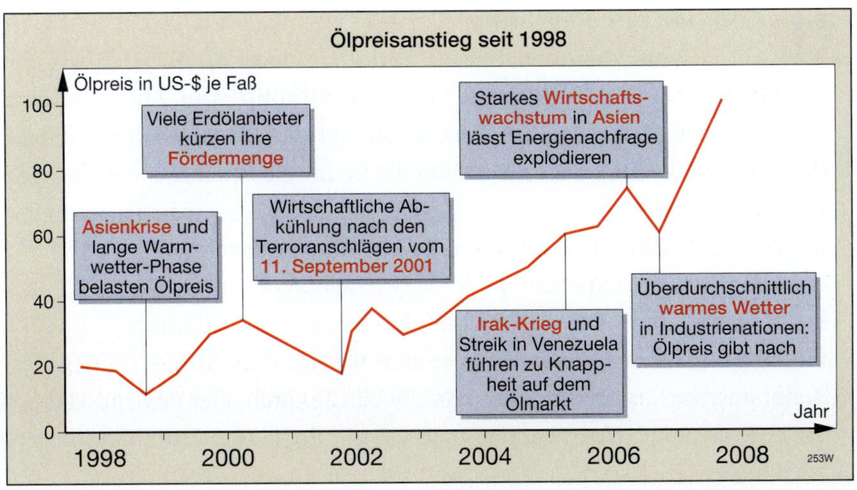

Erdölplattform

Klimaschutz als internationale Aufgabe

INFO

Schwellenland
So nennt man einen Staat, der lange zu den Entwicklungsländern gezählt wurde, aber jetzt auf dem Weg zum Industrieland ist.

In zahlreichen wirtschaftspolitischen Handlungsfeldern besteht die Notwendigkeit internationaler Zusammenarbeit. Dazu gehört die Bekämpfung des Klimawandels, der nur erfolgreich ist, wenn auf internationaler Ebene zusammengearbeitet wird. Umweltverschmutzung ist in vielen Fällen ein weltweites Problem, wofür internationale Entscheidungen und Regelungen gebraucht werden. Am Beispiel des Klimawandels wird das besonders deutlich. Verursacher sind vor allem die Industriestaaten, in den letzten Jahren auch zunehmend die bevölkerungsreichen Schwellenländer China und Indien.

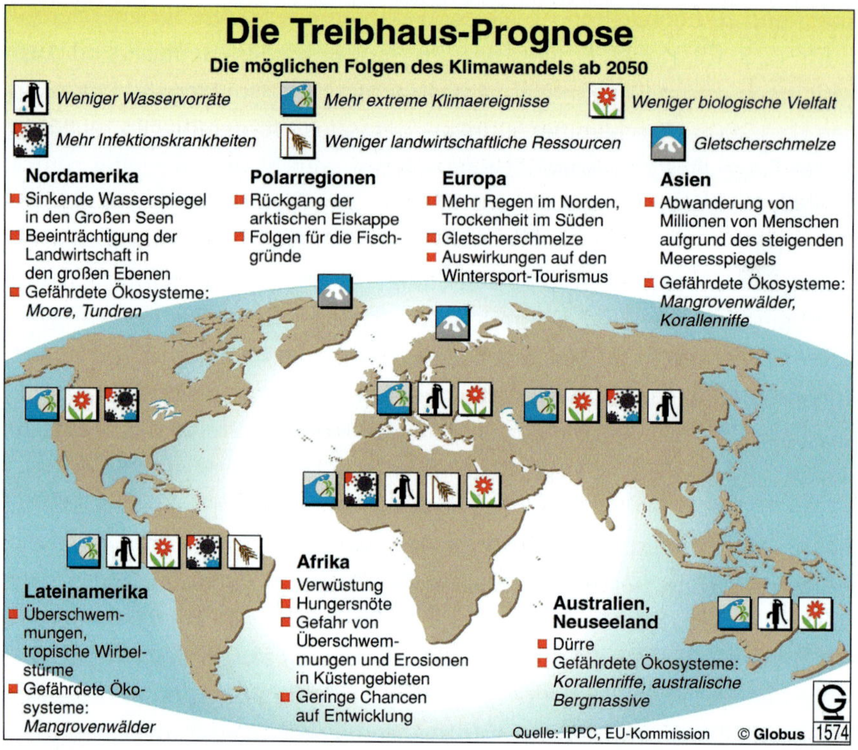

Q

Zeit für eine Revolution

[…] Zehn Millionen Tonnen Erdöl verfeuert die Menschheit am Tag, außerdem 12,5 Millionen Tonnen Steinkohle und 7,5 Milliarden Kubikmeter Erdgas […] Der Energiehunger der Menschheit verändert das Raumschiff Erde auf eine Weise, die in der Geschichte ohne Beispiel ist. Um bis zu 6,4 Grad könnte die Temperatur auf der Erde bis zum Jahr 2100 steigen, das Meer um bis zu 59 Zentimeter anschwellen, prognostizieren die Klimaexperten. […]

Der Globus überhitzt, weil Kohlendioxid aus 800 Millionen Autoauspuffen quillt, weil Kraftwerke weltweit weitere Milliarden Tonnen des Treibhausgases in die Luft blasen und weil stündlich über tausend Hektar Regenwald abgefackelt werden, um Platz für Soja- oder Palmölplantagen zu schaffen. […]

Quelle:
Philip Bethge und Christian Wüst, „Spiegel Special – Neue Energien“ Nr. 1/2007, S. 8f.

1. Erörtere die wesentlichen Faktoren, die die Diskussion um den Klimaschutz bestimmen. Stelle den Konflikt zwischen ökonomischen und ökologischen Zielen dar. ●

Im Bemühen um eine internationale Lösung zur Eindämmung des Klimaproblems spielt das **Kyotoprotokoll** eine wichtige Rolle. In dieser Vereinbarung, die 2012 ausläuft, wurde erstmals der Versuch unternommen, international verbindliche Zielwerte für den Ausstoß von Treibhausgasen in den Industrieländern festzulegen. Sie sollten in der Zeit zwischen 2008 und 2012 ihre CO_2-Emissionen so senken, dass sie 5,2 % unterhalb der Werte von 1990 liegen.

Der Weg bis zu diesem Protokoll war allerdings sehr lang. Und auch die eigentliche Vereinbarung hielt kaum das, was sich viele versprochen hatten. Dies hat verschiedene Gründe, darunter folgende:

- Mit den USA hat der größte Verursacher von CO_2-Emissionen das Abkommen nie unterzeichnet. Zur Begründung führten sie an, eine Beteiligung der aufstrebenden Entwicklungs- und Schwellenländer sei notwendig. Diese wiederum verwiesen darauf, dass die bislang entstandenen Schäden kaum von ihnen verursacht worden seien.
- Bestandteil des Kompromisses von Kyoto war, dass verschiedene Instrumente flexibel eingesetzt werden konnten, um die Ziele zu erreichen. Diese Regelung eröffnete indes Möglichkeiten, die gesetzten Ziele zu umgehen.
- Nicht viele Staaten haben den ernsthaften Versuch unternommen, die angepeilten Ziele tatsächlich zu erreichen. Es fehlten notwendige Anreize bzw. es mangelte an Sanktionsmechanismen.

Das führte dazu, dass der CO_2-Ausstoß auf längere Sicht nicht verringert wurden, sondern – im Gegenteil – noch anstieg. Ursache hierfür ist eine klassische „Dilemmastruktur“: Alle Staaten haben Interesse an der Erhaltung der Umwelt, in der konkreten Situation sind sie aber nicht gewillt, hohe oder gar höhere Kosten als andere zu tragen. So könnten sich z. B. strengere Umweltauflagen als negativ für die Wettbewerbsposition der einheimischen Unternehmen im internationalen Wettbewerb erweisen – mit den entsprechenden Folgen für die Volkswirtschaft und den Arbeitsmarkt.

Stationen zum Kyotoprotokoll

1. Erörtere die wesentlichen Faktoren, die die Diskussion um den Klimaschutz bestimmen. Lege dar, inwieweit ein Konflikt zwischen ökonomischen und ökologischen Zielen zu erkennen ist.

2. Auf der UN-Klimakonferenz in Kopenhagen gelang es nicht, weitere Klimaziele verbindlich festzulegen. Untersuche Gründe dafür.

3. Recherchiere, ob zwischenzeitlich weitere völkerrechtlich verbindliche Festlegungen zum Klimaschutz veschlossen wurden. Bewerte das Ergebnis deiner Recherchen.

Internationale Finanzkrisen

Der Abbau von Beschränkungen und Kontrollen im Kapitalverkehr in den 1970er-Jahren und der rasante Fortschritt im Bereich der Informations- und Kommunikationstechnologie ermöglichen es Unternehmen und Einzelpersonen heute, ihr Vermögen weltweit dort anzulegen, wo es die höchsten Erträge bringt. Kein zweiter Bereich ist durch die Globalisierung so beschleunigt worden wie der internationale Kapitalverkehr, kein Gut so mobil wie Kapital. Gigantische Summen jagen praktisch ohne Kosten und Zeitverzögerung rund um die Welt, den höchsten Erträgen hinterher.

Die komplexen und zunehmenden Verknüpfungen der globalen Finanzwelt haben nicht nur Vorteile, sondern bergen auch zahlreiche Risiken und Gefahren, wie die weltweite Finanzkrise zeigte.

Zwei Dinge wurden in diesem Zusammenhang besonders deutlich:
- Die globalen Verknüpfungen und Beziehungen sind mittlerweile so eng und vielschichtig, dass Entwicklungen auf nationaler Ebene einzelner Staaten nachhaltige Wirkungen auf internationaler Ebene und in anderen Staaten haben.
- Diese Auswirkungen wiederum sind keineswegs auf die Finanzwelt beschränkt. Eine Krise an den Finanzmärkten führt zu weltwirtschaftlichen Problemen mit Auswirkungen z. B. auf den internationalen Handel und die Arbeitsmärkte.

1. Erkläre, inwiefern die Finanzkrise die Risiken der Globabilisierung vor Augen geführt hat. ◒

Im vorliegenden Fall waren Entwicklungen in den US-amerikanischen Immobilien- und Finanzmärkten die Auslöser der schwerwiegenden internationalen Krise. Das Geschehen lässt sich mit einer Reihe von Dominosteinen vergleichen, deren erster in Schieflage gerät und umkippt. Es folgt eine schwer aufzuhaltende Kettenreaktion rund um den gesamten Erdball. Die US-amerikanischen Geschehnisse haben sich rasch auf Europa ausgewirkt, die Wirtschaft ist weltweit in eine Rezession geraten:

INFO

Rezession nennt man den Abschwung im Konjunkturverlauf. Die Wirtschaft wächst nicht mehr, sondern ist rückläufig.

Nach den Terroranschlägen vom 11. September 2001 erlitt der Dow Jones einen Kurseinbruch von 7 %. Aus Angst vor den psychologischen und wirtschaftlichen Folgen des Terrors wurden in den USA die Zinsen gesenkt, um die Wirtschaft mit Geld und Kaufkraft zu versorgen. Sinken Zinsen, werden Kredite günstig. Viele Amerikaner haben deshalb eine Immobilie „auf Pump" gekauft. Darunter waren auch viele Menschen, die nichts gespart oder sehr geringe Einkommen hatten.

↓

Auf den Finanzmärkten werden Kredite gehandelt. US-Banken schnürten diese zu Paketen zusammen, verbanden sie mit anderen Wertpapieren und reichten sie weltweit weiter. Viele Banken, Versicherungen und Fonds liehen sich in der Hoffnung auf große Gewinne selbst Geld, um die Pakete zu kaufen. Es gab die Häuser als Sicherheit, außerdem wurden die Wertpapiere positiv bewertet.

↓

Die hohe Nachfrage nach Krediten ließ die Zinsen in den USA ansteigen und viele der Hauskäufer konnten ihre Schulden nicht mehr abbezahlen. Das geliehene Geld war weg, es blieben die Häuser. Doch deren Wert war stark gesunken, da es kaum noch Kaufinteressenten gab.

↓

Die Wertpapiere begannen zu „faulen", sie verloren ihren Wert. Da sich die Papiere mittlerweile massenhaft in der Finanzwelt verbreitet hatten, wusste niemand mehr, wer wie viele davon erworben hatte. Immer mehr Banken bekamen Probleme, zugleich schnellte das Misstrauen in die Höhe, sodass andere Banken diesen kein Geld mehr liehen, um die Probleme zu beheben. Dies ging so weit, dass tatsächlich auch große Banken pleite gingen bzw. ihnen die Insolvenz drohte.

↓

Die globale Wirtschaft ist auf ein funktionierendes Finanzsystem angewiesen. Damit die Finanzmärkte nicht zusammenbrachen, pumpten die Notenbanken in den Industriestaaten Geld in das System.

1. Erkläre, weshalb die Pleite einiger Bankhäuser die gesamte Weltwirtschaft treffen konnte. ◒

2. Immer wieder ist zu hören, dass der Verlust von Vertrauen im Rahmen der Finanzkrise ein zentrales Problem darstellt. Diskutiere, was hiermit gemeint sein könnte. ●

3. Erkläre die Aussage der Karikatur. ◒

Am Ende dieses Kapitels solltest du die Leitbilder des Außenhandels, den Freihandel und Protektionismus, kennen. Außerdem hast du die wirtschaftlichen Integrationsstufen der EU kennengelernt und weißt, wie das Eurosystem aufgebaut ist und welche Aufgaben es hat. Weiterhin hast du erfahren, welche Chancen und auch Risiken mit der Globalisierung verbunden sind.

Die folgenden Fragen helfen dir, dein Wissen über diese Zusammenhänge zu testen:

1. Erkläre mit eigenen Worten die beiden Leitbilder des Außenhandels. ◒

2. Nenne zwei Gründe, die für eine Währungsunion in der EU sprechen. ○

3. EU-Mitglieder müssen bestimmte Konvergenzkriterien erfüllen, bevor sie in die Währungsunion aufgenommen werden. Erläutere in diesem Zusammenhang,
a) warum die jährliche Neuverschuldung nicht mehr als 3 % des Bruttoinlandsprodukts (BIP) und
b) der öffentliche Schuldenstand nicht mehr als 60 % des BIP ausmachen darf. ◒

4. Nenne die vier Hauptursachen für die Globalisierung. ○

5. Begründe, inwiefern das Arbeitnehmer-Entsendegesetz ein Schutz für die Arbeitnehmer darstellt. ●

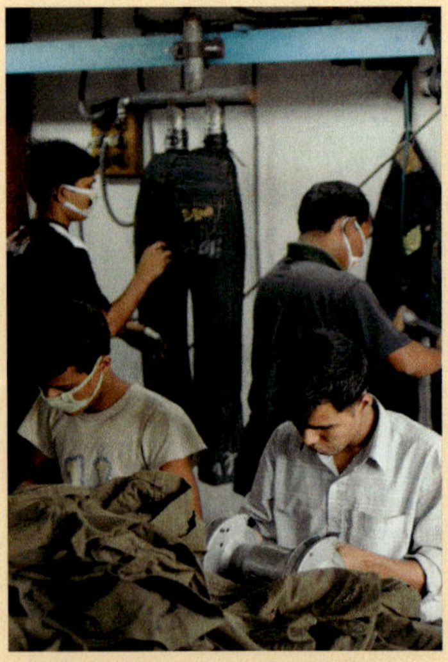

Globalisierung: Textilproduktion in Asien für den europäischen Markt

6. Ordne folgende Argumente nach pro und kontra Globalisierung ein: ◒
a) Globalisierung ist die Voraussetzung für Wirtschaftswachstum in Industrie- und Entwicklungsländern.
b) Der Staat sollte sich aus internationalen Wirtschaftsbeziehungen heraushalten, da sich die Märkte selbst regulieren können.
c) Die Schere zwischen Arm und Reich wird durch die Globalisierung immer weiter auseinandergehen.
d) Die Globalisierung wirkt sich negativ auf die Umwelt aus.
e) Internationale Arbeitsteilung hat mehr Vor- als Nachteile.
f) Es wird immer mehr Großkonzerne geben, die in der Wirtschaft mehr Einfluss bekommen.

7. Begründe, warum der Klimawandel nur durch internationale Zusammenarbeit aufzuhalten ist. ●

8. Nenne weitere Bereiche, in denen eine internationale Zusammenarbeit für die Lösung von Problemen notwendig ist. ○

9. Beschreibe die Karikatur und beurteile ihre Aussage.

10. Erläutere die Grafik.

11. a) Ein deutscher Autohersteller hat am 13. Januar 100 Autos à 15 000 Euro in die USA verkauft; ein französischer Autohersteller hat am 8. Juni 100 Autos à 15 000 Euro in die USA verkauft. Ermittle den Rechnungsunterschied in US-Dollar.

b) Beurteile in diesem Zusammenhang die Bedeutung der Währungsunion in Europa.

Ablauforganisation 160
Absatzwirtschaftlicher Prozess 50
AGB 102 f.
Aktiengesellschaft 158
Allgemeine Geschäftsbedingungen 102 f.
analytische Arbeitsbewertung 164
Angebot 27
Arbeitgeber 104 ff.
Arbeitgeberverbände 183
Arbeitnehmer 104 ff.
Arbeitsbewertung 163
Arbeitsbeziehungen 104
Arbeitslosenquote 123
Arbeitsmarkt 122, 212
Arbeitsvertrag 104
Aufbauorganisation 160
Ausbildungsmarkt 122
Ausbildungsreife 165
Außenhandel 200 ff.
Automobilindustrie 114, 120

Bandfertigung 42
Baustellenfertigung 44
Bedürfnispyramide 14
Bedürfnisse 14, 15
Berufsausbildungsvertrag 167
Betriebsrat 38, 105, 107
Betriebsverfassungsgesetz 105 ff.
BetrVG 105 ff.
Bilanz 54 f.
Branche 114 ff.
Bräuche 94 f.
Bruttoeinkommen 21
Buchführung 54

Datenschutz 138
Dienstleistungssektor 112 f.
Dilemma-Situation 18 f., 194
Dioxin-Skandal 188
Dispositionskredit 142

E-Commerce 134 ff.
Effektivzins 141
eingeschränkte Geschäftsfähigkeit 99
eingetragene Genossenschaft 159
Einkommen 20 ff.
Einkommensverwendung 21 f.
Einstellungsvoraussetzungen 165
Einzelfertigung 46
Einzelunternehmung 156
Energieversorgung 114, 215
Energiewirtschaft 118 f.
Entsendegesetz 213
Erfüllungsgeschäft 98
Erkundung 52
Ernährungswirtschaft 114, 116
erneuerbare Energien 118 f.
erweiterter Wirtschaftskreislauf 130
Ethik 188 f.
Eurosystem 204 ff.
Expertenbefragung 53
Export 128 ff.

Faktormarkt 26, 27
Fertigungsform 42, 48
Fertigungstyp 42
Fertigungsverfahren 42 ff.
Finanzkrise 214, 218 f.
fixe Kosten 48
Fließfertigung 42
Freihandel 200
Freihandelszone 202

Gammelfleisch-Skandal 186
Geldströme 76 f.
gemeinsamer Markt 202
Genfer Schema 164
Gesamtkosten 48
Geschäftsfähigkeit 99
Geschäftsunfähigkeit 99
gesellschaftliche Probleme 192 ff.
Gesetz 96
Gewerkschaften 182
Gewinn- und Verlust-Rechnung 54 f.
Globalisierung 208 ff.
GmbH 158
Gründereigenschaften 63
Gruppen in Unternehmen 37
Güter 16
Gütermarkt 26
Güterströme 76 f.
Güterverkehr 125 f.

Handelshemmnisse 202
Haushaltsbuch 21 ff., 23 ff.

Immobilienkredit 142
Import 128 ff.
Inselfertigung 45
Insolvenzverfahren 149
Integrationsstufen 202
Interessen 36
Interessengruppen 179
Interessenkonflikt 36 f.
Interessenverbände 179

Jahresabschluss 54
Jugendarbeitsschutz 168
juristische Person 159

Kalkulation 49
Kapitalgesellschaft 158
Kaufvertrag 98, 102
Klimaschutz 216
Knappheit 10 f., 14, 22
Kompetenzprofil 166
Kredit 140
Kreditvertrag 141, 147
Kreislaufmodell 70 ff.
Kyotoprotokoll 217

Lobby 179
Logistik 124

maritime Wirtschaft 114, 121
Marketingmix 50 f.
Markt 26
Marktwirtschaft 90
Massenfertigung 46
Maximalprinzip 17
Mehrfachfertigung 46
Minimalprinzip 17
Mitbestimmung 104, 106
Mitwirkungsrechte 107
Monopol 29
Moral 189

Nachfrage 27
natürliche Person 159
Nettoeinkommen 21
Nominalzins 141

öffentliche Güter 16
öffentliches Recht 97
OHG 157
ökonomisch 12 f.
ökonomisches Prinzip 17
Oligopol 29 ff.
Online-Shopping 138 f.
Ordnungselemente 91
Ordnungsformen 90 f.
Ordnungspolitik 180
Organigramm 160

Paypal 139
Personengesellschaft 157
Planwirtschaft 90
Politikzyklus 184 ff.
politische Union 203
Polypol 29
Preisbildung 29
Preise 27
Preisgestaltung 49
primärer Sektor 112 f.
private Haushalte 20
Privatrecht 97
Produktion 112 f.
Produktivität 56 f.
Protektionismus 201
Prozesspolitik 181
Pull-Faktoren 61 f.
Push-Faktoren 61 f.

Ratenkredit 142 ff.
Rechnungswesen 162
Recht 92
Rechte 94 f.
Rechtsform von Unternehmen 156
Rechtsnormen 94
Rechtsordnung 92, 94
Reihenfertigung 42
Reisevertrag 100 f.
Restschuldversicherung 141
Rollenspiel 148

Schadensersatz 101
Schiffbrüchige 10 f.
Schlüsselbranchen 115
SCHUFA 144 f.
Schuldnerberatung 149
Schutz geistigen Eigentums 214
Schwellenland 216
Scoring-Verfahren 145
sekundärer Sektor 112 f.
Serienfertigung 46
Sitten 94 f.
Sortenfertigung 46
Sozialprodukt 80 ff.
Strukturpolitik 181
Strukturwandel 154 f.
Summarische Arbeitsbewertung 163

Tarifautonomie 182 f.
Taschengeldparagraf 99
Tauschprozesse 71 ff.
tertiärer Sektor 112 f.
Transport 124
Trittbrettfahrer 192 f.

Übereignung 98
Überschuldung 149
Umweltschäden 214, 216
Unternehmen 36, 39
Unternehmenserkundung 160 f.
Unternehmensgründung 60 ff.
Unternehmenskonzept 68
Unternehmensleitbild 169
Unternehmertätigkeit 83
Urproduktion 112 f.

variable Kosten 48
Verbraucherinformationsgesetz 186 f.
Verfassungsorgane 184
Verkaufsplattform 136
Verkehrsinfrastruktur 126 f.
Verordnung 96
Verpflichtungsgeschäft 98
Verträge 98
vollkommener Markt 29
Vorleistung 84

weltweiter Handel 214 f.
Werkstattfertigung 43
Wertschöpfung 84
Widerrufsrecht 138
wirtschaften 10 f.
Wirtschaftliche Güter 16
Wirtschaftlichkeit 56 f.
Wirtschafts- und Währungsunion 203, 205
Wirtschaftsbereiche 112 f., 154
Wirtschaftsethik 188 ff.
Wirtschaftskreislauf 70 ff.
Wirtschaftsordnung 90
Wirtschaftspolitik 178, 180 ff.
Wirtschaftsstruktur 154 f.
Wirtschaftszweig 114 f.
WTO 201

Zahlungsbilanz 131
Zahlungsverfahren 139
Zeitarbeit 27 f.
Ziele 171
Zinssatz 140
Zollunion 202

A1PIX – Your Photo Today, Taufkirchen: 142/2, 142/3 (SGM)
adpic Bildagentur, Bonn: 20/M3 (W. Bulgar), 60/klein 1 (A. Antl)
agenda, Hamburg: 220 (Joerg Boethling)
agrar-press, St. Goar: 110/3 klein
akg-images GmbH, Berlin: 47
allesalltag, Hamburg: 104
allOver - galérie photo, Plourivo: 185/M1 (Udo Kröner)
Audi AG, Ingolstadt: 126/4
Autostadt GmbH, Wolfsburg: 120/M3;
Baaske Cartoons, Müllheim: 28 (Erik Liebermann), 73, 75, 103/1 (Gerhard Mester), 194 (Gerhard Mester), 210/M2 (Thomas Plassmann), 211/2 (Thomas Plaßmann)
Bahlsen, Hannover: 115/1
Behrens, Lehrte – Arpke: 18
Bergmoser + Höller Verlag AG, Aachen: 156, 157, 158, 159, 182/1, 184/1
Bildarchiv Werner Bachmeier, Ebersberg: 113/2
BilderBox Bildagentur GmbH, Thening: 147/1
BMW Group MediaPool, München: 126/5
Bredol, Martin Heinrich, Marburg: 73, 79
Caro Fotoagentur GmbH, Berlin: 70/klein 2 (Thomas Ruffer), 81 (Preuss), 83/3 (Kaiser), 86/M2 (Oberhäuser), 137/2 (Westermann), 163/1, 163/2 (Hoffmann), 174/klein 3 (Jandke), 193/1
CCC/www.c5.net, Pfaffenhofen: 211/1 (Gerhard Mester)
Continental AG, Hannover: 115/1
Corbis, Düsseldorf: 88/klein 2, 215 (Fleumer)
Daimler Chrysler AG, Stuttgart: 132/1
Das Luftbild-Archiv, Wennigsen: 70 groß, 122/M1, 122/M2
David Claude Boucherie, Köln: 198/klein 1
deutsche presse agentur, Frankfurt/Main: 40/2 (Getty Images)
dpa Infografik GmbH, Frankfurt: 33/2, 64, 136/M1, 149/1, 197/1, 205/1, 208/1, 221
Druwe & Polastri, Cremlingen/Weddel: 97/2, 107/M2, 140/2, 143/1
Duisburger Hafen AG, Duisburg: 124/2 (Frank Reinhold)
Dägling, Andreas, Wardenburg: 100/1, 105, 161/3
ecopix-Fotoagentur, Berlin: 94/2 (Jürgen Heinrich)
EDEKA Zentrale, Hamburg: 115/1
ELGA Berkefeld GmbH, Celle: 171/M3
Emanuel Bloedt Fotodesign, Dortmund: 88/klein 1
Energieversorgung Schwaben AG, Stuttgart: 114/M1 (Feld)
Entsorgungsbetrieb der Stadt Mainz, Mainz: 72/M2
Euro-Informationen GbR, Berlin: 206/M1
Europäische Zentralbank, Frankfurt/Main: 206
Europäisches Parlament, Berlin: 199/groß
Eyferth, Konrad, Berlin: 11
F1online digitale Bildagentur GmbH, Frankfurt am Main: 22/3 (I Love Images)
Fabian, Michael, Hannover: 177/M1, 204/M1
Fotex Medien Agentur GmbH, Hamburg: 46/1 (Rainer Drechsler)
fotolia.com , New York: 8/groß (Farina3000), 12, 13/1, 13/2 (Klaus Eppele), 13/5 (Cmon), 22/2 (Christian Stoll), 41/1, 60/klein3 (Roman Levin), 67 (RRF), 68 (Bernd Kröger), 72/1 (Franz Pfluegl), 137/1 (Jacek Chabraszewski), 151/M1, 162 (FM“), 171/M2 (Kaarsten), 171/M4 (Christoph Hähnel), 209/1 (cpauschert)
Frommelt-Beyer, R., Lahstedt: 16/2
Getty Images, München: 44
Greiner, Alois, Braunschweig: 13/6 (Meyer)
Griese, Dietmar, Laatzen/Hannover: 183
Grümel gGmbH, Fulda: 161/2
Görmann, Felix, Berlin: 150/M1
Haus der Geschichte, Bonn: 106
Heide-Park Soltau GmbH, Soltau: 115/1
Heinemeier, Hartwig: 107/M1
Helga Lade Fotoagentur GmbH, Frankfurt am Main: 110/2 klein
HOLMER Maschinenbau GmbH , Eggmühl: 26
Horsch, Wolfgang, Niedernhall: 218/1
Huwer, Christine, Frankfurt a. M.: 92/M1
i.m.a - Information.Medien.Agrar e.V., Berlin: 82/1
ICW AG, Walldorf: 171/M1 (Foto)
Image & Design - Agentur für Kommunikation, Braunschweig: 80, 155/1
Imhof, Ursel, Buxtehude: 51
imu-Infografik, Duisburg: 21/1
Ipon/Stefan Boness, Berlin: 152/klein 3
J. Bünting Teehandelshaus GmbH & Comp., Leer/Ostfriesland: 115/1
Jupiterimages, München: 86/M3, 135/groß
Karikatur & Cartoon, Brunsbüttel: 180
Katharine Eastham, Oxford: 95/1
Kautz Zahnradfabrik GmbH, Wuppertal: 43
Keystone Pressedienst, Hamburg: 144 (Stefan Oelsner), 175/groß (Jochen Zick)
Kiefer, Stefan, Regensburg: 77/1
kittihawk, Christiane Lokar, Berlin: 201/1
Kohn, Klaus G., Braunschweig: 66, 70/klein 1, 83/1
Kraußmann, Katrin, Gifhorn: 47
Krug, J., Braunschweig: 70/klein 3
laif, Köln: 89/groß (Boening/ Zenit), 146 1 (Boris Geilert)
Lambertz, Aachen: 16/1
Langner & Partner Werbeagentur GmbH, Hemmingen: 14/M1
Lindner, Anna K., Cremlingen/Weddel: 15/1, 20/1, 37/1, 39/1, 48/1, 48/2, 48/3, 48/M1, 76/1, 76/2, 77/2, 78/1, 78/2, 97/M1, 136/1, 148
magics, Grafing: 4/7
MairDumont GmbH & Co. KG, Ostfildern: 111/groß
mauritius images GmbH, Mittenwald: 16/M1, 20/M2 (Thonig), 20/M4 (Bluestone), 60/klein 2, 74, 97/1, 140/3 (Albinger), 170/M1 (Photononstop), 196 (Bridge)
Metallbau Müller, Föhren: 83/4
Metro AG, Düsseldorf: 124/1
Meyer Werft, Papenburg: 121/M1
Michalke, Norbert, Berlin: 72/1
Mierendorf, Wilhelm, Stuttgart: 13/4
Minkus IMAGES Fotodesignagentur, Isernhagen: 61/M1
Motor-Presse International: 192 (Hans Dieter Seufert)
NORD/LB Norddeutsche Landesbank, Hannover: 121/1
NORDMILCH AG, Bremen: 85/M1
OKAPIA KG Michael Grzimek & Co., Frankfurt am Main: 38/M1
Paracelsus-Kliniken Deutschland GmbH & Co. KGaA, Osnabrück: 78
photothek.net GbR, Radevormwald: 180/1 (Thomas Köhler)
Picture-Alliance GmbH, Frankfurt am Main: 3/1, 3/2 (dpa/W. Langefeld), 3/3, 4/6 (ZB/P. Endig), 5/10, 5/8, 5/9 (ZB/M. Hiekel), 8/2 klein (itar-tass), 8/3 klein, 8/klein 1 (P.Seeger), 10/1 (akg-images), 13/3, 17/1 (Jürgen Mahnke), 17/2 (dpa/Bahn AG), 22 (G. Breloer), 34/klein 1, 34/klein 3 (ZB/W. Thieme), 35/1, 36/M1 (dpa/Arne Dedert), 39/M1 (Rainer Jensen), 40/1, 41/2 (dpa/Peter Kneffel), 42/1 (Wolfgang Thieme), 47 (Sven Simon), 60/groß (ZB/R. Weisflog), 69 (ZB/J.P. Kasper), 69/M1 (M. Kötter), 72/1 (ITAR-TASS/Valery Matytsin), 72/1 (Frank Leonhardt), 72/M1, 74 (B. Thissen), 74/M1 (ZB/Wolfgang Thieme), 82/2 (ZB), 86/M1, 98/1, 99/M1, 101/1 (Uhlemann), 101/3 (Helga Lade/MIP), 102/1 (dieKLEINERT/Schiebel), 108, 113/1 (Tagesspiegel/T. Rückeis), 113/M1, 114/M2 (Peter Förster/ZB), 119/M1 (dpa/Ingo Wagner), 125/M1 (ZB/Peter Förster), 126/1 (Rehder), 126/2, 126/3 (dpa/I. Wagner), 127/M1, 128/1, 130/1, 132/2 (Zentralbild), 133/1, 134/klein 3, 139/M1 (dpa-Infografik), 141 (W. Grubitzsch), 142/1, 151/1 (S. Simon), 152/klein 1 (zb/Haid), 152/klein 2, 152/groß, 161/1 (Bernd Thissen), 173, 174/klein 1 (Report), 176/M1 (DeFodi), 180/M1, 181, 184/M1 (dpa), 185/M2, 186/M1 (Carmen Jaspersen), 188 (dpa/I. Wagner), 190 (Caro/Hechtenberg), 191, 195 (dpa), 198/klein 2 (epa afp Honda), 198/klein 3, 204/1, 206/1 (dpa-Infografik), 210/M3 (dpa/V. Dithajohrt), 212 (dpa), 214/M2 (allover/K. Thomas), 216/1 (Globus), 217/M1 (Patrick Pleul)
PictureNews, Frankfurt: 14/ 1 (Mario Vedder)
plainpicture GmbH & Co. KG, Hamburg: 71/M1
Project Photos GmbH & Co. KG, Walchensee: 156 (R. Eisele)
REWE GROUP (REWE Zentral AG), Hürth: 115/1
Rüther, Frank, Bielefeld: 82/3
Sajak, Dieter, Hemmingen: 214/M1
Salzgitter AG, Salzgitter: 115/1
Schmidt, Roger, Brunsbüttel: 219/M1
Seidel, Jürgen, Köln: 88/klein 3
Speth, Frank, Quickborn: 34/klein 2
Steeger, Wuppertal: 43
Steffens Bildarchiv, Mainz: 94/M1
stockmaritime.com, Hamburg: 132/M1 ((c)stockmaritime.com/Axel Biewer)
Stuttmann, Klaus, Berlin: 201/2, 217/1
Superbild - Your Photo Today, Taufkirchen: 134/klein 1
Thomas Willemsen, Stadtlohn: 83/2
Tonn, Dieter, Bovenden-Lenglern: 150/M1
TopicMedia Service, Ottobrunn: 174/klein 2
TRIGEMA GmbH & Co. KG, Burladingen: 76
TUI AG, Hannover: 115/1
ullstein bild, Berlin: 208/M1 (JOKER/Gloger)
Verbraucherzentrale Nordrhein-Westfalen e.V., Düsseldorf : 24/M1
Vierol AG, Oldenburg: 129/M1
Visum Foto GmbH, Hamburg: 3/4 (Langreder), 42/2 (Sean Gallup), 72/M3, 134/klein 2 (Joerg Mueller)
Vogel Park Walsrode, Walsrode: 115/1
Volkswagen AG, Wolfsburg: 115/1
Volkswagen Media Services, Wolfsburg: 110/1 klein
Was werden? 1/2000, S. 6/7: 20/M1
Westermann-Archiv, Braunschweig: 4/5, 43, 131/1
Wiedenroth, Götz/www.wiedenroth-karikaturen.de, Flensburg: 221/1

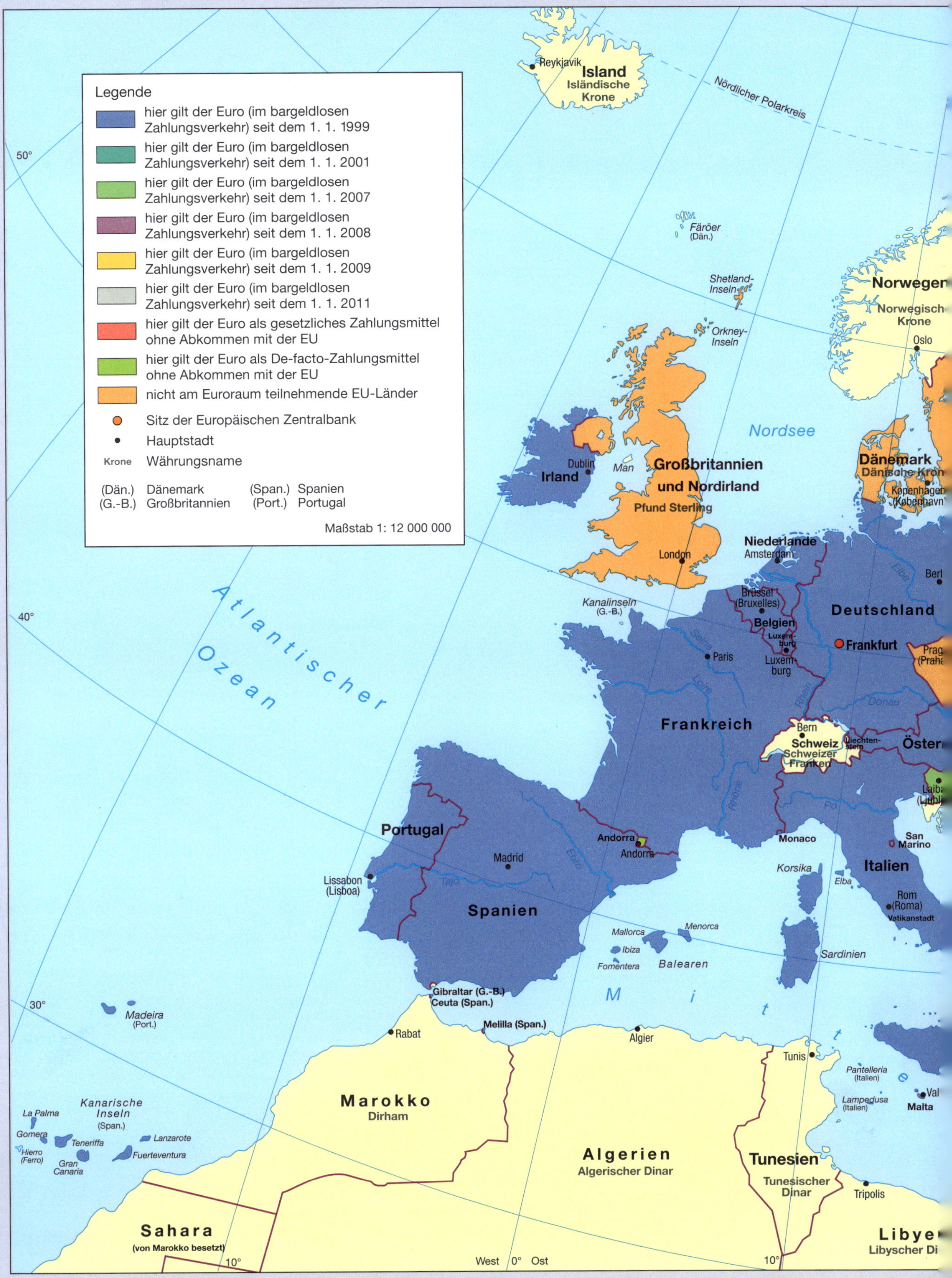
Legende
hier gilt der Euro (im bargeldlosen Zahlungsverkehr) seit dem 1. 1. 1999
hier gilt der Euro (im bargeldlosen Zahlungsverkehr) seit dem 1. 1. 2001
hier gilt der Euro (im bargeldlosen Zahlungsverkehr) seit dem 1. 1. 2007
hier gilt der Euro (im bargeldlosen Zahlungsverkehr) seit dem 1. 1. 2008
hier gilt der Euro (im bargeldlosen Zahlungsverkehr) seit dem 1. 1. 2009
hier gilt der Euro (im bargeldlosen Zahlungsverkehr) seit dem 1. 1. 2011
hier gilt der Euro als gesetzliches Zahlungsmittel ohne Abkommen mit der EU
hier gilt der Euro als De-facto-Zahlungsmittel ohne Abkommen mit der EU
nicht am Euroraum teilnehmende EU-Länder
Sitz der Europäischen Zentralbank
Hauptstadt
Krone Währungsname
(Dän.) Dänemark
(G.-B.) Großbritannien
(Span.) Spanien
(Port.) Portugal
Maßstab 1: 12 000 000
Reykjavik
Island
Isländische Krone
Nördlicher Polarkreis
Färöer (Dän.)
Shetland-Inseln
Orkney-Inseln
Norwegen
Norwegische Krone
Oslo
Nordsee
Dänemark
Dänische Krone
Kopenhagen (København)
Irland
Dublin
Man
Großbritannien und Nordirland
Pfund Sterling
London
Niederlande
Amsterdam
Berl
Elbe
Brüssel (Bruxelles)
Belgien
Luxemburg
Luxemburg
Deutschland
Frankfurt
Prag (Praha)
Kanalinseln (G.-B.)
Atlantischer Ozean
Seine
Paris
Loire
Rhein
Donau
Frankreich
Bern
Schweiz
Schweizer Franken
Liechtenstein
Österr
Laiba (Ljublj
Rhone
Po
Monaco
San Marino
Portugal
Andorra
Andorra
Madrid
Ebro
Lissabon (Lisboa)
Tajo
Spanien
Korsika
Elba
Italien
Rom (Roma)
Vatikanstadt
Mallorca
Menorca
Ibiza
Formentera
Balearen
Sardinien
50°
40°
30°
Gibraltar (G.-B.)
Ceuta (Span.)
Madeira (Port.)
Melilla (Span.)
Rabat
Algier
Mittelmeer
Tunis
Pantelleria (Italien)
Lampedusa (Italien)
Val
Malta
Kanarische Inseln (Span.)
La Palma
Gomera
Teneriffa
Hierro (Ferro)
Gran Canaria
Lanzarote
Fuerteventura
Marokko
Dirham
Algerien
Algerischer Dinar
Tunesien
Tunesischer Dinar
Tripolis
Sahara (von Marokko besetzt)
Libye
Libyscher Di
10°
West 0° Ost
10°